- 国家自然科学基金项目:华南早三叠世腕足动物的残存—复苏过程研究,项目批准号41672016
- 国家重点研发计划:海洋储碳机制及区域碳氮硫循环耦合对全球变化的响应,项目编号2016YFA0601100
- 教育部全国中小学生研学实践教育基地项目
- 武汉市科学技术协会项目:百万市民学科学——"江城科普读库"

让石头说话系列科普图书

沉睡已久的化石

CHENSHUI YIJIU DE HUASHI

陈 晶 等编著

烨 子 绘图

中国地质大学出版社
ZHONGGUO DIZHI DAXUE CHUBANSHE

图书在版编目(CIP)数据

沉睡已久的化石／陈晶等编著. —武汉：中国地质大学出版社，2018.10
(2023.5 重印)
(让石头说话系列科普图书)
ISBN 978-7-5625-4357-2

Ⅰ.①沉…
Ⅱ.①陈…
Ⅲ.①化石-普及读物
Ⅳ.①Q911.2-49

中国版本图书馆 CIP 数据核字(2018)第 182224 号

沉睡已久的化石		陈　晶　等编著
责任编辑：马　严	选题策划：马　严	责任校对：张咏梅
出版发行：中国地质大学出版社(武汉市洪山区鲁磨路388号)		邮编：430074
电话：(027)67883511	传真：(027)67883580	E-mail:cbb@cug.edu.cn
经销：全国新华书店		http://cugp.cug.edu.cn
开本：787 毫米×960 毫米　1/16	字数：235 千字	印张：12
版次：2018 年 10 月第 1 版	印次：2023 年 5 月第 3 次印刷	
印刷：武汉中远印务有限公司	印数：5001—7000 册	
ISBN 978-7-5625-4357-2		定价：60.00 元

如有印装质量问题请与印刷厂联系调换

《让石头说话系列科普图书》编委会

主　编：刘先国
副主编：陈　晶　王　革　邢作云
编　委：(以姓氏笔画为序)
　　　　赤　诚　范陆薇　李富强　刘安璐
　　　　彭　磊　张　凡　张　莉　周捍华

《沉睡已久的化石》

编著者：陈　晶　韩凤禄　黄爱武
　　　　宋海军　彭　磊
绘　图：烨　子

前言

在地球46亿年的漫长历史中,尽管很多生物已然从自然界中消失,但我们依然能在人们的壁橱里或者博物馆里见证生命的历程。尽管博物馆收藏了种类众多的化石,但这些仅是远古生命历史的九牛一毛。因为能保存为化石的只是生物界中的极小部分,而被我们人类发现并采集的又是所有化石中的极小部分。通过对化石的研究,我们能够打开时空的大门回到过去,重现生命的发展历程,揭示那些惊心动魄的演化事件。在中国地质大学逸夫博物馆上千块的化石藏品中,我们找出了一些特殊的物种化石,它们代表生物进化的里程碑,可以用来追溯从最早的生命诞生到现代人类出现过程中的一系列重大事件。

为贯彻落实《中华人民共和国科学普及法》和《全民科学素质行动计划纲要》,进一步弘扬科学精神,努力提高市民科学文化素养,笔者计划撰写"让石头说话系列科普图书",这本《沉睡已久的化石》是其中之一。该图书依托中国地质大学(武汉)学科优势,通过对选自中国地质大学逸夫博物馆的70余件珍贵化石标本的解读,以通俗易懂且具趣味性的语言和精美的图片让沉睡已久的化石"说"出它们的有趣故事,旨在让公众了解远古生命的生活环境、生存方式、生物进化的奥秘以及生物多样性的重要性,从而激发公众保护生物多样性、保护地球环境的意识。

中国地质大学(武汉)韩凤禄、黄爱武、宋海军、彭磊参与了本书的编写。本书的标本照片除了注明拍摄者外,其他由赵俊明和李富强拍摄。书中的绘图主要是由插画师烨子绘制,部分图片来自网络,因查无出处,我们无从标注,在此向这些图片的原作者表示感谢,并欢迎这些图片的作者与我们联系。

限于我们的知识和能力,内容上难免会有不足之处,恳请读者批评指正,我们将不胜感激。

陈晶

2018 年 6 月

序

  现今生物圈的多姿多彩可以直观地被我们通过视觉、听觉所感受到,但是如何去了解地质历史时期的生命历程呢?科学家们可以通过地球给我们留下来的蛛丝马迹来重现远古时期的生命故事,其中最重要的证据就是化石。我们知道,地球历史不同阶段的生物带有它赋存的时代、环境等信息,保存为化石,存在于不同的地层中。科学家们是通过化石这一特殊的"文字"与"图画"来解读地层的时代,解读地球的历史,解读地球生命诞生、演变、发展的进程和奥秘。

  随着科学技术的不断进步和生产活动的不断扩大,越来越多的化石被人们所发掘和研究。经过了数亿年的沉睡,这些已灭绝的远古生物走进了博物馆和研究所,向人们诉说着那些发生在亿万年前的故事——它们的身世,它们的生活习性,它们的本领,它们的亲友以及它们的家园。

  化石告诉我们,生命在38亿年前从原始海洋艰难诞生,经历了环境剧变、电闪雷鸣;生命在 35 亿年前以微生物的形式存在;直到 5.4 亿年前才出现多样化的具骨骼生物,开始奠定生物界的基本面貌;到 4 亿年前,植物开始登陆,紧接着动物登陆;2 亿多年前,地球上出现了令人惊骇的生物——恐龙,它们在统治地球约 1.3 亿年后最终退出了历史的舞台;从距今约 6600 万年开始,哺乳动物正式崛起;历经漫长的演化,才发展成当今的哺乳动物大家族,当然也包括我们人类。

生命从哪里来?人类又是从哪里来?最早的鱼儿会张嘴吗?最早的植物会开花吗?恐龙喜欢偷蛋吗?它们会自己孵蛋吗?登陆成功后的爬行动物为什么又要重返海洋?难道生命的进化是可逆的?恐龙真的绝种了吗?它们的后代在哪里?远古时期的生物都灭绝了吗?就让我们带着这些疑问,唤醒沉睡已久的化石,让它们说出它们自己的故事以及它们见证的历史吧!

中国科学院院士 殷鸿福

2018 年 8 月 24 日

目 录

第1篇 唤醒沉睡已久的化石　1
1. 真？假？化石　3
2. 什么是化石　3
3. 化石从哪里来　5
4. 化石的形成条件　6
5. 化石的形成与发掘过程　8
6. 化石有哪些类型　9
7. 化石告诉我们什么　13

第2篇 化石揭开早期生命的神秘面纱　19
1. 最早的生命——蓝藻　21
2. 蓝藻形成的"化石"——叠层石　22
3. 含氧环境孕育出真核生物　25
4. 最古老的多细胞生物　26

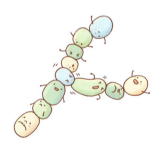

第3篇 亿万年前的难解之谜——寒武纪生命大爆发　33
1. 寒武纪的明星——三叶虫　36
2. 第一锤敲出的化石——纳罗虫　39
3. 千古第一霸——奇虾　40
4. 现代昆虫的远祖——抚仙湖虫　42
5. 最早的鱼——海口鱼与昆明鱼　43

第4篇 "乘胜追击"——奥陶纪生物大辐射　47
1. 角石动物称霸海洋　49
2. 带刺的三叶虫　50
3. 底栖固着的腕足动物　51
4. 群体生活的笔石动物　54
5. 揭秘奥陶纪生物大辐射　56

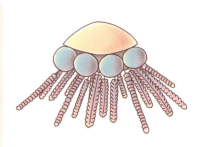

第5篇　植物抢滩登陆　59
1. 尝试登陆的真核藻类——绿藻　61
2. 早期维管植物的成功之道　63
3. 最早的陆地开拓者——顶囊蕨　64
4. 最早的森林　65

第6篇　脊椎动物向陆地进军　69
1. 早有准备的肉鳍鱼类　71
2. 最早的两栖动物——鱼石螈　75
3. 爬行动物问世　76
4. 陆地上从未有过的热闹　78

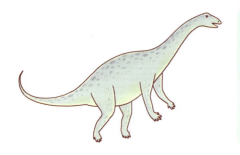

第7篇　辉煌的恐龙家族　79
1. 名字由来　81
2. 恐龙的分类　81
3. 家族成员　84
4. 恐龙的繁殖　96

第8篇　中生代海洋霸主	101
1. 第一代霸主——鱼龙	103
2. 第二代霸主——蛇颈龙	104
3. 第三代霸主——沧龙	106
4. 海生爬行动物繁荣大家庭	108
5. 称霸无脊椎动物界的菊石	111
6. 摇曳多姿的"百合花"	113

第9篇　白垩纪公园——热河生物群	115
1. 带羽毛的恐龙	118
2. 恐龙的后代——鸟类	121
3. 白垩纪的大鱼池	125
4. 丰富多彩的昆虫世界	129
5. 世界上第一朵花在这里盛开	132
6. 原始的哺乳动物	133

第10篇　哺乳动物崛起	135
1. 中生代的早期哺乳动物	137
2. 揭秘哺乳动物大发展之谜	138
3. 新生代哺乳动物大家族	139

第11篇　从猿到人	149
1. 人类起源之谜	151
2. 人类的直系祖先——南方古猿	153
3. 早期猿人——能人	155
4. 晚期猿人——直立人	156
5. 早期智人——尼安德特人	159
6. 晚期智人——克罗马农人与山顶洞人	160

第12篇　生命的奇迹——活化石	163
1. 海洋中的活化石——鹦鹉螺	164
2. 植物界的活化石——银杏	168
3. 地球上唯一的蓝血动物——鲎	171

地球的挂历——地质年代表	177
参考文献	178

第 1 篇

唤醒沉睡已久的化石

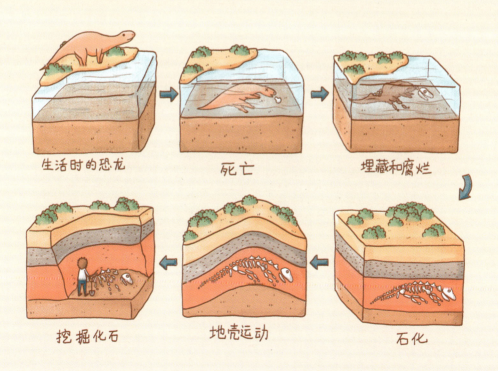

化石这个词源自拉丁文 *fossillis*，原意为"从地底挖出来的东西"。化石是古生物学的主要研究对象，中国古籍中早已有关于化石的记载，如春秋时期的计然和三国时期的吴晋，都曾提到山西省产"龙骨"，"龙骨"即古代脊椎动物的骨骼和牙齿的化石；《山海经》也有"石鱼"（即鱼化石）的记述；南朝齐梁时期陶弘景有对琥珀中古昆虫的记述；宋朝沈括对螺蚌化石和杜绾对鱼化石的起源，已有了正确认识……

距今约5000万年的湖北江汉鱼化石

| 前寒武纪 | 寒武纪 | 奥陶纪 | 志留纪 | 泥盆纪 | 石炭纪 | 二叠纪 | 三叠纪 | 侏罗纪 | 白垩纪 | 古近纪 | 新近纪第四纪 |

距今46亿年　5.41亿年　5亿年　　4亿年　　　3亿年　　　2亿年　　　1亿年　　　0

1 真？假？化石

认识和辨别化石并不是一件简单的事情，稍不小心就会出现错误，即使是经验丰富的地质学家，也有看走眼的时候，历史上就曾经出现过多次"假化石事件"。现在就让我们认识一下那些骗人的"假化石"。

真真假假，假假真真，那到底什么才是真正的化石呢？让我们揭开化石神秘的面纱，走进化石的科学殿堂。

2 什么是化石

化石是存留在岩石中的古生物遗体、遗物或遗迹，最常见的是骨头与贝壳等。简单地说，化石就是生活在遥远的过去的生物遗体或遗迹变成的石头。

只要是化石，就都会与古代生物相关。它有两种表现形式，

植物化石？不,这是氧化锰溶液沿着石头裂缝渗透沉淀而成的结晶,看起来像树枝的痕迹,被称为"树枝石"

花化石？不,这是一种放射状结晶的矿物(红柱石,化学成分 Al_2SiO_5)集合体,形态像菊花,故称为菊花石

蝴蝶化石？不,这是人工雕刻的假化石

恐龙蛋化石？不,这是天然形成的岩石,表面条带状物质是铁质或硅质黏结在岩石表面而成,被称为"树皮石"

| 前寒武纪 | 寒武纪 | 奥陶纪 | 志留纪 | 泥盆纪 | 石炭纪 | 二叠纪 | 三叠纪 | 侏罗纪 | 白垩纪 | 古近纪 | 新近纪 | 第四纪 |

距今46亿年　5.41亿年　5亿年　　　4亿年　　　3亿年　　　2亿年　　　1亿年　　　0

一是具备诸如形状、结构、纹饰和有机化学成分等生物特征;二是由生命活动所产生并保留下来的痕迹。

说到古代生物,很容易与现代生物混淆,那么古代生物和现代生物如何划定界线呢?一般来说,距今1万年以前的生物可以称为古代生物,而距今1万年以内的生物都叫现代生物。因此,埋藏在现代沉积物里的贝壳、脊椎动物骨骼等生物遗体及生物活动痕迹都不是化石,人类有史以来的考古文物一般也不被认定为化石。

3 化石从哪里来

一个生物怎么才能变成化石呢?在漫长的时间长河里,地球上曾经生活过无数的生物,而这些生物因为各种原因死亡之后所留下来的遗体或是生活时遗留下来的痕迹,许多都被当时的泥沙掩埋起来。随着时间的流逝,这些生物遗体中的有机质分解殆尽,而坚硬的部分(如外壳、骨骼、枝叶等)与包围在周围的沉积物一起经过**石化作用**变成了石头。幸运的是,那些生物原来的形态、甚至一些细微的内部构造依然保留着;同样,那些生物生活时留下的痕迹也就这样保留了下来。我们就把这些石化的生物遗体、遗迹称为化石。

小知识点

【石化作用】在一定的物理化学条件下,松散沉积物转变为坚硬岩石的过程。

4 化石的形成条件

不是所有的生物都能成为化石,它需要合适的地质条件和漫长的沉积变化,大约一万个生物中只有一个有可能被保存为化石,而被保存下来的化石中,又只有极少数能被我们人类发现,而且大多数不完整。所以,每一块完整的化石都是极其珍贵的。一个生物是否能形成化石取决于许多因素,但是有4个条件是最基本的。

1. 生物自身条件

生物最好具有坚硬的部分,如壳、骨、牙或木质组织,因为软体部分容易腐烂、分解而消失,而硬体部分主要由矿物质组成,能够比较持久地抵御各种破坏作用。然而,在某些极为特殊的条件下,即使是非常脆弱的生物,如昆虫或水母也能够变成化石。

蜗牛的外壳容易保存为化石　　蚯蚓没有骨骼或外壳,不易保存为化石

2. 埋藏条件

生物必须被某种能阻碍分解的物质埋藏起来,如海底泥沙、火山灰等。这些掩埋物质的类型通常取决于生物生存的环境。海生动物的遗体通常都能变成化石,这是因为海生动物死亡后沉在海底,被泥沙覆盖。泥沙在后来的地质时期中则变成页岩或石灰岩。如果生物遗体被化学沉积物(如树脂、冰川冻土、沥青等)、生物成因的沉积物(如硅藻土)所埋藏,也比较容易保存下来。

冰川冻土中保存的猛犸象化石
(距今约 1.1 万年)

3. 环境条件

生物死后所处的物理化学环境直接影响化石的形成和保存。在高水动力

山东山旺中新世硅藻土中保存的玄武蛙化石(距今约 1800 万年)

条件下，生物遗体来回移动而容易被磨损破坏；若遇到酸性水体，即使有钙质硬体，也会被溶解；氧化环境是有机质的天敌，加速了它的腐烂。此外，其他动物的吞食、细菌的腐蚀，都会影响化石的保存。

4. 时间条件

生物在死后必须快速被埋藏起来。如果一直暴露在外面，身体部分很容易遭到破坏，无法形成化石。有时生物死后虽然被迅速埋藏，但不久就因冲刷等各种因素暴露出来而遭到破坏，也不能形成化石。有一些保存在较古老岩层中的化石，因岩层的变形和变质作用，使化石遭到破坏。被埋藏的生物遗体还必须经历漫长的石化作用后才能形成化石。

5 化石的形成与发掘过程

说到化石，大家最感兴趣的应该就是恐龙化石，那么我们就以恐龙化石为例来看看化石是如何形成，又是如何被我们人类所发掘的吧！

一只恐龙在湖边死亡，被雨水冲进湖里，肉体腐烂，骨骼沉入湖底，被泥沙埋上，一层又一层，然后经过漫长的石化过程，最终变成化石。但是，如果这个化石还是埋在湖底，我们人类是无法发现它的！只有经过地壳抬升，把它暴露到地面，我们才有可能在开辟公路或者挖掘隧道的过程中发现它并挖掘出来。

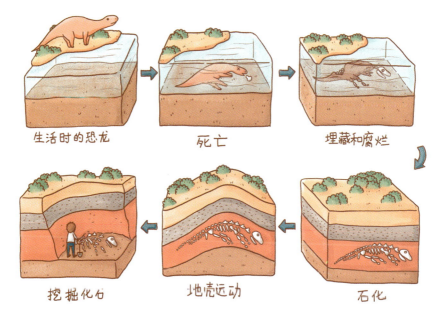

化石的形成与发掘过程示意图

6 化石有哪些类型

化石大小悬殊,大到几十米,小到一粒芝麻的几百分之一。根据其保存特点,大致可将地层中的化石分为实体化石、模铸化石、遗迹化石和化学化石这4类。

1. 实体化石

实体化石指生物遗体保存下来的化石。生物遗体在特别适宜的情况下,避开了空气的氧化和微生物的腐蚀,其硬体和软体可以比较完整地保存下来而无显著的变化。常见的实体化石有动物骨骼、树干、贝壳等。

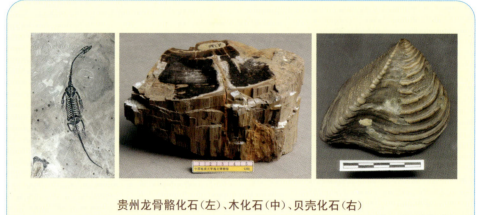

贵州龙骨骼化石（左）、木化石（中）、贝壳化石（右）

2. 模铸化石

模铸化石是生物遗体在岩石中留下的印模或复铸物。比较常见的有印痕化石和印模化石。印痕化石，一般是不具备硬壳的生物遗体陷落在沉积物中留下的印迹，如植物叶片，在适宜的条件下可保存其软体印痕；印模化石，是生物壳体的轮廓构造印在围岩上的痕迹，包括外模和内模。例如贝壳埋于泥沙中，当泥沙固结成岩而地下水把贝壳溶解之后，围岩和贝壳的接触面上就留下了印模。

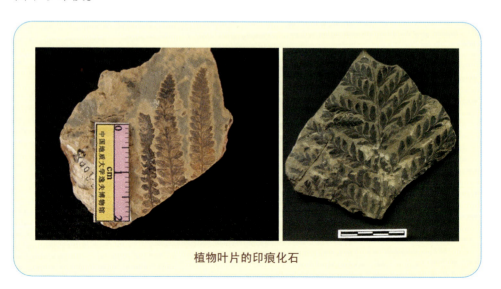

植物叶片的印痕化石

三叶虫的内模和贝壳的外模化石

3. 遗迹化石

遗迹化石指保存在岩层中的古生物生活或者活动的痕迹或遗物。遗迹化石中最常见的是足迹化石,此外,动物的爬痕、掘穴、钻孔均可形成遗迹化石。遗物往往指动物的排泄物或卵,排泄物形成粪化石,卵成为蛋化石。

恐龙足迹化石(左)和动物掘穴遗迹化石(右)

| 动物粪化石 | 恐龙蛋化石 |

4. 化学化石

这类化石看不见、摸不着,但是却具有一定的有机化学分子结构,足以证明过去生物的存在。在大多数情况下,古生物的遗体都因遭到破坏而没有保存下来。但是在某种特定的条件下,组成生物的有机成分分解后形成的氨基酸、脂肪酸等有机物却仍然可以保留在岩层里。因此,科学家就把这类有机物称为化学化石。随着近代化学研究的深入、科学技术的提高,古代生物的有机分子(氨基酸等)可从岩层中分离出来进行鉴定研究,从而使人类对古代生物有更深入的了解。

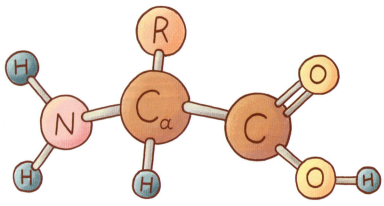

氨基酸结构示意图

此外还有一类特殊化石，如琥珀，也可以称其为树脂化石。古代植物分泌出的大量树脂，滴落在昆虫或其他生物身上并将其完全包裹起来，又或者是这些生物被树脂的颜色所吸引，主动飞落其上，一旦陷入便无法自拔。在这些情况下，整个生物未经明显变化而保存下来，经过长时间的石化作用最终形成琥珀。它能保存生物的外部形态，但难以保存内部结构。昆虫、蜘蛛、蛙和蜥蜴都可以通过这种方式保存下来。

树脂化石——琥珀

化石告诉我们什么

如果把地球各个时期形成的沉积岩层看成是一本书的书页，那么，保存在岩层中的各种生物化石就是其中的"文字"，这样，化石和地层就组成了记载地球演化和生物进化历史的"万卷书"。

| 前寒武纪 | 寒武纪 | 奥陶纪 | 志留纪 | 泥盆纪 | 石炭纪 | 二叠纪 | 三叠纪 | 侏罗纪 | 白垩纪 | 古近纪 | 新近纪 第四纪 |

距今46亿年　　　　　　5.41亿年 5亿年　　　　　4亿年　　　　3亿年　　　　　2亿年　　　　　　1亿年　　　　　　　0

野外地层照片

化石告诉我们生命的来龙去脉

化石作为一块石头，本身是没有生命的，但它记录了生命的存在，是见证生命进化的最重要依据。古生物学的研究对象是化石，离开了化石，对古代生物及其演化的研究也就无从谈起。科学家们通过对地层中大量化石的发现与研究，描绘出一幅枝繁叶茂的生物进化谱系图，从而使那些在遥远年代已经逝去的生命，又在人类的舞台上重现。

生物进化不是一蹴而就的，而是经过了漫长的时间一步一步演化发展而来的。其过程就好像一颗大树的生长过程，从树干向上不断分枝。古生物学家根据找到的化石，建立了不同生物之间的演化关系，经过几代科学家研究的积累，最终才形成这样一棵进化树，向人们展示生命进化的过程：树干基部代表最早出现的原核生物(如蓝细菌)；从下往上进化出真核生物，包括原生动物、藻类和某些真菌；这三个分枝分别进一步演化和分枝，最终形成枝繁叶茂的动物界、植物界和真菌界。化石证据告诉我们生物进化的总路线，那就是从简单到复杂、从低级到高级、从海洋到陆地。

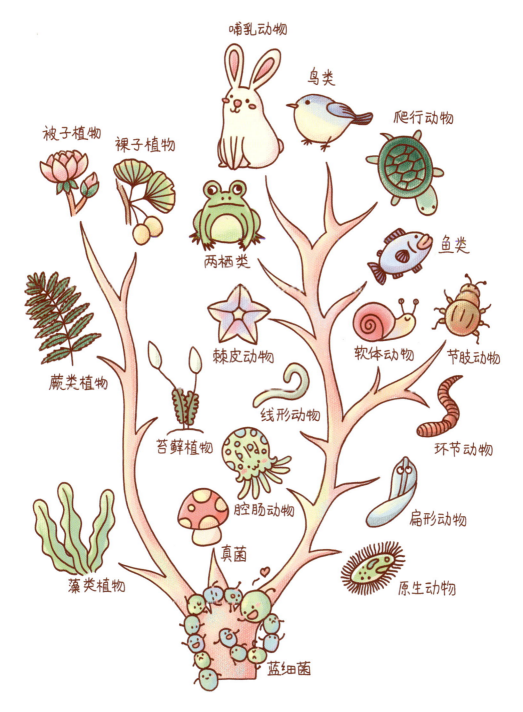

依据化石建立的生物进化树

15

2. 化石告诉我们地层的年龄

由于化石和地层是同时形成的，所以化石能够用来进行地层对比和确定地层年代。如前所述，生物进化历史基本研究清楚了，那么，根据各门类生物出现的先后顺序以及演化趋势，就可测定出各个含化石地层的相对地质年代。举个例子，中华震旦角石只出现在距今约4.6亿年前的中奥陶世时期，这是经过前人研究并被世界所公认的。一旦我们在一个新的地方找到了这个化石，那就表明产出这个化石的地层年龄为距今约4.6亿年前，地层年代为中奥陶世。

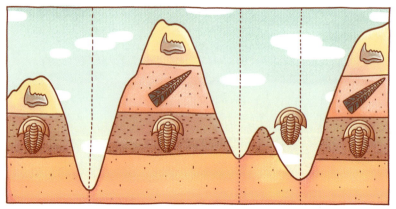

不同地点、含同一种化石的沉积岩层是同时形成的

莱德利基虫是生活于5.2亿年前的一种海洋节肢动物；中华震旦角石是生活于4.6亿年前的一种海洋头足类动物化石；微小欣德牙形石是生活于2.52亿年前的一种鱼形动物的器官化石

3. 化石是古地理、古气候环境的记录者

化石还能够告诉我们远古时期的地理位置和气候环境。有很多远古时期的生物类型，一直繁衍到现代，其生活

方式和生活环境是不会有太大变化的。那么我们可以将今论古，根据该生物在现代的生活方式和环境来推测该化石产地在远古时期的环境。例如，在喜马拉雅山的岩层里，找到了许多生活在奥陶纪的古海洋生物的化石，如三叶虫、笔石、珊瑚等，而在现代海洋里，珊瑚、海百合等喜欢生活在温暖的浅海区域，由此我们可以推断，喜马拉雅山地区在4亿年前曾经是一片温暖的浅海环境。

牙形石和鱼形动物

此外，化石壳体或脊椎动物的牙齿化石可以清晰地记录古代环境的温度变化。最典型的温度参数就是氧同位素 $\delta^{18}O/\delta^{16}O$ 比值，当骨骼化石中 $\delta^{16}O$ 含量升高时，表示当时温度上升，反之则表示温度下降。有一种化石叫牙形石，是一种鱼形动物的器官化石。它的颜色不一，从白色、琥珀色一直到黑色。不同的颜色与牙形石中有机质变质的程度相关，而有机质的变质程度则

17

与岩石的温度、埋藏深度以及时间都有关系。因此,牙形石可以作为岩石的"温度计"。

4. 化石是地壳运动的见证者

自地球诞生以来,地壳就在不停运动,既有水平运动,也有垂直运动。化石既可以见证地壳从海到陆的垂直运动,又可以见证地壳从东到西、从南到北的水平运动。在我国新疆维吾尔自治区曾发现一种生活在2.5亿年前的似哺乳类爬行动物——水龙兽化石,而且这种化石在印度、非洲和南极洲等地都有发现。水龙兽是陆生四足动物,不可能漂洋过海,怎么会同时出现在隔着大洋的不同大陆上呢?只有一个解释,那就是2.5亿年前,这些大陆是连在一起的,后来由于地壳的运动,原本连在一起的大陆分裂开,并向不同方向漂移,经过2.5亿年形成今天的板块格局。

古生物化石证据表明几块大陆曾经连在一起

此外,化石还可以帮助人们寻找多种能源和矿产资源。某些资源就是古生物遗体本身形成的,如藻类、有孔虫、介形虫等生物死亡后沉落到海底,易于形成石油原料;古植物经过泥炭化和碳化作用形成煤炭,即化石燃料;铁细菌通过生理作用将从海水中吸收的低价铁变成高价铁,形成铁质皮鞘,形成最早的铁矿……总之,化石具有十分重要的科学研究价值和应用价值,值得我们人类去认识它并读懂它!

第 2 篇

化石揭开早期生命的神秘面纱

生命是从哪里来的,这个问题一直非常神秘。过去几十年来,对于地球上生命起源存在着多种假说,如神创论,中国的盘古开天地、西方的创世纪,都认为是上帝、是神创造了万物,创造了人;自然发生论,认为生物从非生物环境中自然产生出来,正如腐草为萤、腐肉生蛆;宇生论,认为生命来自宇宙中别的星球。直到19世纪,随着达尔文《物种起源》一书的问世,生命科学才发生了前所未有的重大变革。科学家们在《物种起源》的基础上提出了现代的"化学进化论",为揭示生命起源这一千古之谜带来了曙光。现代的"化学进化论"科学地解释了生命的由来,为我们描绘了由无机物到有机物,再由有机物产生生命的壮丽图景。

生命诞生于海洋,经历了波涛汹涌、电闪雷鸣

1 最早的生命——蓝藻

原核生物是生物界的第一批成员，它具有细胞形态，但没有细胞核和细胞器，包括细菌和蓝藻等。最早的原核生物化石在澳大利亚和南非被发现，保存在叠层石的深色条纹里，是距今约35亿年的细菌化石，样子很像现今的蓝藻，也有人称之为蓝细菌。它以二分裂的方式繁殖后代，即一分二，二分四，四分八……且繁殖速度非常快，每20分钟可繁殖一代。蓝藻的细胞内有叶绿素，是最早用太阳能将水和溶解的二氧化碳转化为养分的生物。这一过程称为"光合作用"，会释放出氧气。这些生物体把氧气加进原本几乎没有氧气的大气层中，为所有需要氧气生活的生物的演化创造了条件。

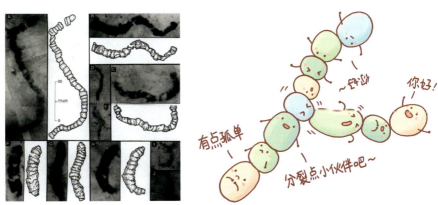

距今35亿年的原核生物化石（Schopf, 1993）及其形态模拟图

原核生物的大小通常不足 0.05 毫米,是一类非常微小、原始的生物体,肉眼看不见,难以保存为化石,以至于达尔文时代乃至后面很多年,科学家们一直都没有发现早期生物化石。有人曾怀疑,30 亿年前是否出现过生命。直到光学显微镜的出现,特别是电子显微镜的出现,才改变这一困局,真正为人们揭开早期生命的神秘面纱。

2 蓝藻形成的"化石"——叠层石

在北美巴哈马群岛(Bahamas)和西澳大利亚沙克湾(Shark Bay)大量分布着一种奇形怪状的石头,由一层层深色与浅色的弧形岩层叠在一起,像是一个个倒着扣在一起的碗叠在一起,科学家根据它奇特的形态给这种石头起了一个形象的名字——叠层石。

1. 形态特征

叠层石是由蓝藻等微生物通过生长和代谢活动黏结沉积矿物颗粒而形成的生物沉积构造,是一种"准

西澳大利亚的现代叠层石

化石",它的存在说明曾经有微生物的生命活动。纵向看,叠层石呈向上凸起的弧形或锥形叠层状,如扣放的一叠碗,故名为"叠层石"。叠层石的形态、大小变化很大,常见的形状有柱状、锥状、半球状等。

10亿年前的蓟县叠层石

叠层石通常由暗层及亮层两种层理交替组成,这与微生物的生长代谢活动有关。白天阳光充足,藻类的光合作用强,并且向光生长,所以藻丝体向上生长,其生长过程中会产生一些黏性分泌物把周围的矿物颗粒黏结住,这样就形成叠层石中的亮纹层(无机沉积层);夜晚光线弱,藻类的光合作用弱,藻丝体匍匐生长,这就形成了叠层石中的暗纹层(富藻有机层)。

叠层石抛光面及层理示意图

23

2. 叠层石记载着蓝细菌的历史功劳

形成叠层石的主要微生物——蓝藻（又叫蓝绿藻、蓝细菌），由于能够利用太阳光，通过光合作用来合成自身所需的有机质，并在早期地球上制造了大量的氧气。它们对地球早期环境的改善做出了巨大贡献，因此享有"地球建筑师"之称。当这些氧气破水而出时，地球不再是一颗被火山气体覆盖的星球，而是一个焕然一新的生命摇篮。

我们的地球家园，经过46亿年的沧海桑田，形成了适宜我们人类生存的环境。但是在24亿年之前的早期地球，由于频繁的火山喷发而积累了大量的二氧化碳等温室气体，空气中缺乏氧气，虽然当时太阳光的光照效应非常弱，但是由于温室气体的大量存在，对地球的保温效果超乎想象，使得地球的平均温度比现在高出几十度，这对于现代生物来说简直是像炼狱一样的环境。这时候蓝藻作为地球最顽强的生命开始繁殖，学会了利用光能将二氧化碳转变为氧气（光合作用），经过夜以继日的辛勤劳作，终于把地球从原本无氧的环境改造成大气层中富含氧气的甚至有臭氧层保护的蓝色星球。距今约24亿年前的这次充氧事件被称为"大氧化事件"，氧气含量的大量增加，

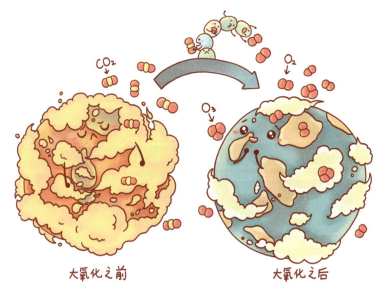

24亿年前地球环境变化示意图

彻底改善了地球环境，为之后生物的演化铺平了道路。

3. 叠层石记载着古时候的地球—太阳—月球关系

由于藻类生长的趋光性，叠层石的生长方向明显受光照方向的影响。一年中，太阳光直射地表区域在南北回归线之间移动。一个完整的叠层石记录着一年有多少个日夜，也就是记录着地球绕太阳公转一周的时间。

由于叠层石生长在滨海，其生长和繁殖受地月引力、潮汐和月相等因素的影响。因此，月、地相对位置的变化会影响叠层石纹层厚度的变化。

研究人员对北京周口店铁岭组的叠层石进行研究，发现10亿年前一年的天数至少为 516 ± 20 天；一年中有 12.9 ± 0.5 个月；一天最多有 16.99 ± 0.66 小时；黄赤交角为 $29°12'$—$30°36'$，比现在的 $23°27'$ 大。

3 含氧环境孕育出真核生物

距今20亿年时，空气中的氧气明显增多，为单细胞真核生物的出现创造了条件。与原核生物相比，单细胞的真核生物有了真正的细胞核和细胞器，细胞结构趋于完善，这是生物进化史上的一次重大飞跃。因为除了蓝藻和细菌这些原核生物之外，现代所有生物都由真核细胞组成。迄今为止，最早的真核生物化石在加拿大被发现，为距今约19亿年的球状微生物化石。

真核细胞的出现为有性繁殖的产生奠定了基础,极大地提高了物种的变异性,大大推进了进化的速度。它促使动物和植物分化,结构和功能复杂化,增强了生物的变异性,并发展出由动物、植物和微生物所组成的三级生态系统。

大部分真核生物需要进行有氧代谢,且不能很好地防御强烈紫外线,这就意味着只有在氧化大气圈和臭氧层形成之后,地球才能适合真核生物的生存。因此,真核生物的出现,表明当时的大气圈中已经有了一定数量的氧气。

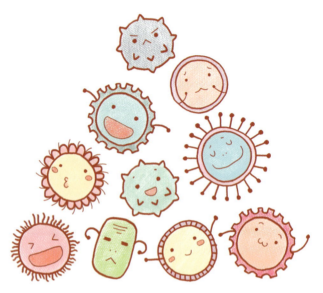

天津蓟县 17 亿年前的真核生物形态模拟图

最古老的多细胞生物

距今约 8 亿~5.8 亿年前,地球出现第二次大氧化事件,并伴随着大陆板块的分离和海平面的上升,这一时期生命呈现快速的演化。

1. 蓝田生物群（Lantian biota）

来自安徽休宁"蓝田生物群"的化石证据表明，在距今 6.35 亿～5.8 亿年间，多细胞生物在形体上已经可以用肉眼看到了。该生物群不但包含扇状、丛状生长的海藻，也有具触手和类似腔肠特征、形态与现代腔肠动物或蠕虫类似的动物。它们底栖固着在较深的水下，生活在水深 50～200 米的安静环境中。

蓝田生物群中的多细胞生物化石（袁训来等，2011）

蓝田生物群生态复原图（袁训来，2012）

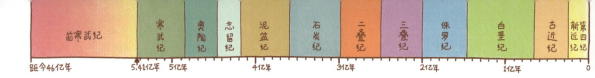

2. 埃迪卡拉生物群（Ediacaran biota）

埃迪卡拉生物群是在澳大利亚埃迪卡拉地区发现的一个距今 5.8 亿～5.4 亿年的软体多细胞无脊椎动物群。那时的动物已经发展出了硬壳的雏形，有机质壳体开始发育。它们形状奇特，有球形的，有盘状的，有的像叶子，看上去像植物，其实它们都是动物。

埃迪卡拉生物群生态复原图

与现代大多数动物的形体结构和演变方式不同的是，它们不增加内部结构的复杂性，只是改变躯体的基本形态（一般会变得非常薄，成条带状或薄饼状，使体内各部分充分接近外表面），在没有内部器官的情况下进行呼吸和摄取营养。

▰▲ 查恩盘虫（*Charniodiscus*）▰▰

叶片状的查恩盘虫是埃迪卡拉生物群的标志性类型之一，分布广泛，在加拿大、英国和澳大利亚都有发现。查恩盘虫绝对是当时巨无霸级的生物，高度可有 1 米以上，其外形与我们所踢的毽球十分相似，"叶柄"始端有个球形固着器用于固着在海底，而"叶柄"两侧长着许多对生或互生的"羽叶"，就像连在圆盘上的羽毛。它们主要是靠滤食水中的营养物质为生。查恩盘虫的形态特征与现代腔肠动物中的海笔类非常相似，但其真实的身份至今仍然是个谜。

查恩盘虫化石及复原图
（冯伟民等，2014）　　　　现代海洋中的海笔类

▰▲ 狄更逊水母（*Dickinsonia*）▰▰

狄更逊水母是埃迪卡拉生物群中的明星类型，由于其神秘性，至今都没有被明确分类，曾被认为是多毛类、刺胞动物、扁形动物或环节动物，甚至被归为非后生动物文德生物类或地衣类、真菌类。狄更逊水母化石产自南澳大

利亚、俄罗斯,主要产于砂岩中。狄更逊水母的身体为椭圆形或长椭圆形,呈薄饼状,长度可达 1.4 米,厚度却只有几毫米,两侧对称,明显分节,恰似没有柄的芭蕉扇。这样大面积的与外界接触,可能是通过表皮摄取营养。最近有研究认为,狄更逊水母具有辐射对称的特性,且内部具有与现代的栉水母动物的胃水管系统类似的构造。并据此认为狄更逊水母与栉水母动物亲缘关系密切。

狄更逊水母化石及复原图(冯伟民等,2014)

现代海洋中的栉水母(Carl Zimmer,2014)

▰▲ 斯普里格虫 (*Spriggina*) ▲▰

斯普里格虫化石是埃迪卡拉生物群的代表性化石之一。斯普里格虫生活在大约 5.5 亿年前，这是一种身体分节的生物，有些像现代的多毛类环节动物（比如说蠕虫），长大约 3~5 厘米。其前端几个节融合在一起形成头，呈月牙状弧形，上面还可能有眼睛和触角。身体两侧对称，沿着一条与身体等长的中线把身体分开，底部覆盖着两排相互咬合的坚硬板片，顶部覆盖着一排相互咬合的坚硬板片。它们可能会捕食，但这只是猜测，因为没有发现口和消化器官，也没有发现爬行的痕迹。这种类似叶状体的生物，曾被归为环节动物和原有关节类。目前一般认为它们与节肢动物具有亲缘关系，可能是三叶虫的祖先类群。

斯普里格虫化石及复原图（冯伟民等，2014）

经科学家研究发现，这些生物化石是埋藏于深水沉积物中的，说明这个时期的大气圈和海洋中的氧含量已经较为充足，即便是深海区域也能够适于需氧**宏体生物**的生存。

【宏体生物】能够用肉眼看到的生物,这个概念是相对于微体生物提出的。微体生物很小,肉眼看不见,只能借助显微镜甚至电子显微镜才能观察到。

第 3 篇

亿万年前的难解之谜
——寒武纪生命大爆发

| 前寒武纪 | 寒武纪 | 奥陶纪 | 志留纪 | 泥盆纪 | 石炭纪 | 二叠纪 | 三叠纪 | 侏罗纪 | 白垩纪 | 古近纪 | 新近纪 第四纪 |

| 距今46亿年 | 5.41亿年 5亿年 | | | 4亿年 | | 3亿年 | | 2亿年 | | 1亿年 | 0 |

地球生命演化中有着一段扑朔迷离的早期演化历史,距今约5.4亿年前的寒武纪时期,短短2000多万年的时间内突然涌现出了大量与现代动物形态基本相同的生物,如节肢动物、腕足动物、海绵动物、脊索动物等,但在早期的地层中却没有找到它们的祖先化石,这就是至今仍然困扰学术界的"十大科学难题之一"——"寒武纪生命大爆发"。1984年,我国学者在云南澄江寒武纪地层中发现了震惊世界的澄江生物群,被美国《纽约时报》列为"20世纪最惊人的科学发现之一",对研究"寒武纪生命大爆发"具有重要的意义。

生命大爆发化石产地——我国云南澄江帽天山(侯先光等,1999)

澄江动物群生态复原图

"生命大爆发"名字的由来

埃迪卡拉生物群在兴盛了很短的一段时间后就纷纷灭绝,在之后近1亿年的时间里,生物的种类并不繁盛。然而,当生物界刚刚跨进距今5.41亿年的寒武纪的门坎时,便发生了重大变革:在短短200万年的时间内,几乎所有现代动物的祖先同时来了个"集体亮相",生物界呈现出一派欣欣向荣的局面。三叶虫、怪诞虫、谜虫、跨马虫、海怪虫、足杯虫、灰姑娘虫、抚仙湖虫、云南虫、奇虾等动物舞动起来,对地球进行了一次光彩夺目的历史性访问。那个场面恍若"爆炸"时的壮丽与辉煌,开启了一个全新的生物世界。鲁迅曾说过"不在沉默中爆发,就在沉默中灭亡",而我们的祖先选择了在沉默中爆发,这才有了我们现今纷繁的生物世界。

接下来就让寒武纪的明星化石来"讲述"它们的故事吧!

1 寒武纪的明星——三叶虫

三叶虫是一种海生节肢动物，早在 5.4 亿年前的寒武纪就已经出现，在大约 5 亿年前发展到了顶峰，因此寒武纪又被称为"三叶虫的时代"。有些寒武纪地层几乎全为三叶虫化石所组成，密密麻麻，数量极大，如山东的燕子石。但在统治海洋长达数亿年后，三叶虫还是没能逃脱灭绝的宿命，在距今约 2.5 亿年前全部消失。

山东的蝙蝠虫化石，距今约 5.2 亿年，
尾甲形似一群燕子列队飞翔，又名为燕子石

1. 形态特征

三叶虫背面有一个坚实的外骨骼，称为背甲，为卵形或椭圆形，从上往下分为头、胸和尾三部分。而背甲纵向又可以三分为中间的中轴和两侧的肋叶，故名三叶虫。三叶

虫通常3～10厘米长，最长可达70厘米。大多数三叶虫都具有眼睛，触角可能用来作为味觉和嗅觉器官，而有些三叶虫可能由于长期居住在没有光的海底，因此眼睛退化。

2. 生活习性

大多数三叶虫主要生活在浅海底部，爬行生活，有的在远洋中漂浮。三叶虫以各种微生物为食，不具有主动攻击的能力，由于缺乏游泳器官，并且身体扁平，因此在水中游泳速度较慢，一旦受到捕食者的攻击，一些三叶虫就会迅速把身体蜷起来，用坚硬的背甲来保护自己柔软的腹部，或用背甲和尾甲上的长刺来抵御天敌的进攻。在水中游泳的时候，一旦遭遇天敌，三叶虫就会通过蜷曲自己的身体，迅速向水底沉落，以此来躲避敌人。

一项新的研究表明，有些三叶虫在海底迁徙时排着长长的队伍，它们秩序井然，一个紧挨着一个，就好像现代节肢动物一样。比如说，龙虾每年春天会排成一队进入浅水水域繁衍后代，秋天到来，龙虾就会回到更深的水域。研究人员在波兰的

云南的古油栉虫

山东的德氏虫

河南的毕雷氏虫

湖北的宽背虫

圣十字山上发现有着 3.65 亿年"高龄"的 78 个三叶虫队列化石,每个队列包含 19 个骰子大小(直径 17.91 毫米,厚度 1.35 毫米)的盲目类三叶虫。有时会发现它们紧紧挨着甚至爬在彼此身上,这也说明了它们可能综合利用身体接触和化学信号来传递信息。这些动物迁徙的原因我们现在还不清楚,但我们猜测三叶虫可能沿着一条季节性的路线去交配和繁衍。

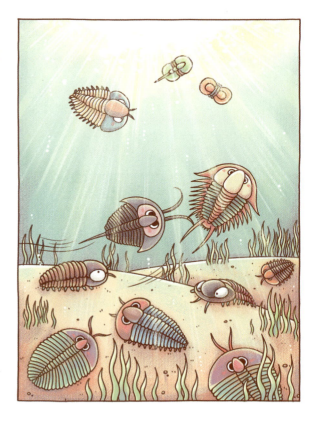

三叶虫生活场景复原图

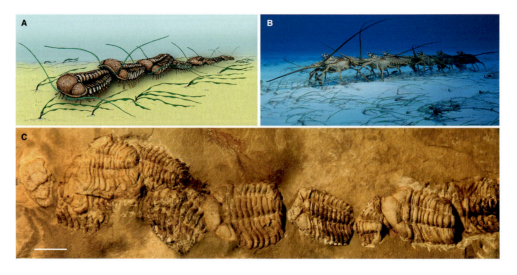

A. 排队迁徙的古代三叶虫(复原图);B. 排队迁徙的现代龙虾;C. 化石证据(Błażejowski 等,2016)

2 第一锤敲出的化石
——纳罗虫

纳罗虫是研究人员在帽天山上敲出的第一块化石,这一发现非同一般,举世瞩目,从此揭开了澄江动物群的神秘面纱。纳罗虫生活在距今约5.3亿年前的寒武纪海洋中,是澄江生物群中最为常见的一种节肢动物。纳罗虫是一种比较奇特的三叶虫,没有胸节,只有头部和尾部,头甲呈半圆形,尾甲呈半长椭圆形,头甲和尾甲上长有刺状构造。口板两侧有一对长的触角。它们主要生活在海底,爬行生活,以泥沙中的有机物为食。

纳罗虫化石是至今发现的最为古老,也是最完整的软体动物化石之一。让人们惊喜的是,它的消化系统保存完好,使得我们可以很好地了解纳罗虫的进食特点:有的纳罗虫以吞食泥沙中的有机物为主,有的在海底搜寻腐肉为食,有的依靠其内肢上的刺主动捕食。在食物充足的情况

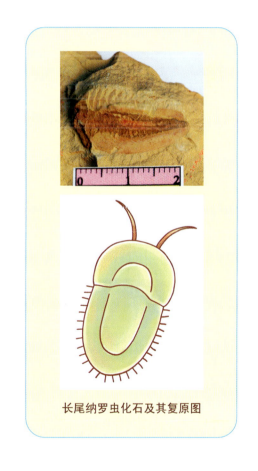

长尾纳罗虫化石及其复原图

下，纳罗虫会定期进食，但是在缺少食物的时候，就会利用它们的营养储存器官（支囊）来储存营养。

3 千古第一霸——奇虾

奇虾的前附肢化石（纵瑞文供图）

奇虾是生活于寒武纪海洋中的一种体型巨大、造型奇特的节肢动物。加拿大是最早发现奇虾化石的地方，当时只发现奇虾的一只前爪化石，误认为是虾的尾巴，并将其命名为"奇虾"。直到 1994 年，我国发现了完整的奇虾化石，真相才被揭露，原来所谓的"尾巴"其实是奇虾的爪子，人们才得以了解到奇虾的真面目。

1. 形态特征

在距今 5.3 亿年前的海洋中，最凶猛的捕食者莫过于奇虾了，无论是从它的体型，还是捕杀的手段，对于海洋霸主这一称号它都当之无愧。这种巨型捕食者长度可达两米，有一个圆盘似的嘴巴，嘴巴里有十几排牙齿，嘴巴前是一对强大而有力的巨大的钳子，钳子上具有很多倒钩，对那些具有坚硬外壳保护的生物构成了巨大的威胁。另外奇虾的头上有两只巨大的类似于现代昆虫的复眼，大概由 16 000 个单眼组成，这也使得奇虾具有十分敏锐的视觉，现今大概只有蜻蜓能够与之相提并论。从目前的化石资料来看，我们知道奇虾至少具有 11 对附肢。这些柔软的附肢位于身体的两侧，奇虾可以扇动附肢在海洋中游泳。

奇虾复原图

2. 生活习性

依靠极强的游泳能力和捕食能力，奇虾毫无疑问地成为寒武纪海洋当中的霸主，站在了食物链的顶端。古生物学家们发现奇虾的排泄物里有三叶虫的碎壳以及一些小型的带壳动物的残体，表明其为食肉动物。

3. 灭绝之谜

距今大约在 4.4 亿年前，奇虾突然灭绝了，种族存世时间不足 1 亿年。奇虾灭绝的原因目前仍是个谜，古生物学家们推测可能是因为后来其他海洋生物体型变大，使得奇虾丧失了体型上的优势，没有足够的食物来满足它的生存需要，最终难逃灭绝的命运。

4 现代昆虫的远祖——抚仙湖虫

抚仙湖虫是澄江生物群中特有的化石，生活在寒武纪早期的海洋中，属于真节肢动物。抚仙湖虫成年个体达到 10 厘米，身体分为头、胸、腹三部分，与三叶虫同为原始的节肢动物，外形十分相似，如半圆的头甲与椭圆形胸部浑然一体，躯干分节错落有致，又环环相扣密不可分。正因为如此，研究人员在挖掘到只露出部分背甲的抚仙湖虫标本时，如果不仔细挑开岩层表面，很容易误认为是挖到了个体较大的三叶虫化石。其实，此时只要一见到硕长的腹部结构就能知道是找到珍贵的抚仙湖虫标本了。这个结构也是抚仙湖虫在演化上优于其他节肢动物的重要标志。

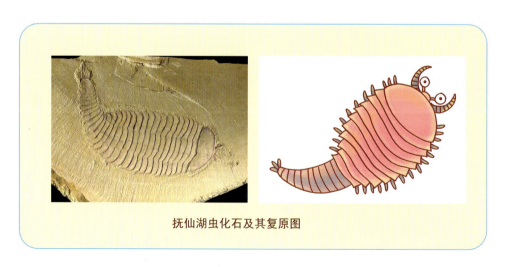

抚仙湖虫化石及其复原图

抚仙湖虫虽然结构较为简单、原始,但是已经具备了复杂的脑部结构,与现代昆虫以及甲壳类动物的脑部结构十分相似,除此之外,抚仙湖虫还具有可以在一定程度上进行翻转的茎状复眼,这使得抚仙湖虫拥有良好的视力和感官。从抚仙湖虫的许多化石个体中可以发现它们充满泥沙的肠道,这就说明它们是食泥的动物。

生物学家普遍认为独立胸部的产生是昆虫起源的关键。与澄江动物群中的其他节肢动物不同,抚仙湖虫在形体上头、胸、腹的分区已经十分明朗,与昆虫的形体特征接近。它的背部和腹部的分节数目不一致,与泥盆纪直虾类化石类似,而直虾是现代昆虫的祖先,这也间接表明抚仙湖虫是现代昆虫的远祖。

5 最早的鱼——海口鱼与昆明鱼

1997年,我国著名的古生物学家舒德干在云南澄江发现了一条鱼化石,取名"海口鱼";1998年,他又在同一地区发现了第二块脊椎动物化石,取名"昆明鱼"。海口鱼和昆明鱼是目前已知最古老的脊椎动物,距今约5.3亿年,是现代所有脊椎动物的祖先。

根据化石特征,海口鱼和昆明鱼都是无法张嘴和闭嘴的无颌鱼类。海口鱼和昆明鱼形态相似,个体小,仅2~3厘米长,具一对大眼睛和单鼻孔,单一背鳍,胸鳍与腹鳍连成一体。

海口鱼化石（舒德干等，1999）　　　　昆明鱼化石（舒德干等，1999）

像盲鳗和七鳃鳗一样，它们全身裸露，没有坚硬的骨骼，这表明现代海洋中的<u>无颌鱼</u>类没有骨骼并不是由于次生退化，而是"老祖宗"遗留下来的一种原始特征。海口鱼和昆明鱼的整个躯干由"之"字形肌节构成，而肌节是鱼类游泳前进非常重要的器官之一，这也是它们能躲过海洋霸主奇虾的捕食的"秘密武器"之一。

昆明鱼和海口鱼的区别在于，昆明鱼的背鳍和腹鳍像帆船的帆，外形更接近现今的盲鳗鱼；海口鱼的头部有6~9片鳃，并且背鳍有鳍条的分化，外形更接近现今的七鳃鳗，这些特征都显示出海口鱼比昆明鱼更为进步。

七鳃鳗　　　　　　　　　　　　盲鳗

海口鱼(左)和昆明鱼(右)复原图

小知识点

【无颌鱼】没有支撑口腔上部和下部的骨头,口如吸盘,只能靠滤食海洋中的生物为生。无颌鱼包括两大类:头甲类和鳍甲类,每类都各有分支,也曾繁盛一时。但好景不长,到中泥盆世,它们绝大多数灭绝了,只有营寄生生活的圆口类(七鳃鳗、盲鳗)存活至今。没有上、下颌,也许是这类鱼走向灭绝的原因之一,因为颌不仅是摄食的工具,还是防御和进攻的武器。

第4篇

"乘胜追击"
——奥陶纪生物大辐射

寒武纪生命大爆发是地球生命史上第一次大辐射，即第一次生物多样性大幅度增加。而第二次大辐射发生在5000万年后的奥陶纪（距今约4.85亿~4.44亿年），且生物多样性是寒武纪大爆发时期的3倍。奥陶纪生物大辐射以寒武纪生命大爆发为基础，紧跟其后，"乘胜追击"，大辐射事件几乎贯穿了整个奥陶纪，是一个时间非常长、规模非常大的事件。

此次生物大辐射是地质历史时期生物演化的又一次重大的飞跃，完成了由低级到高级、由简单到复杂的演化过程，大量的宏体生物在此阶段得到了极大的发展，无论是物种数量还是丰富程度的扩增都是在漫长的地质记录中绝无仅有的，生物的多样性令人叹为观止。除此之外，新生命的活动能力也变得更强，它们不再满足于"只在海底玩泥巴"，而是向更广阔的水域进军，在海洋的不同深度都出现了生命活动。由近岸浅海、远洋深海、水体表层、海洋底质和底质内部都被不同生物所占领，从此之后海洋开始真正热闹起来，也奠定了长达2亿多年的古生代海洋生态系统基础，形成了以滤食生物和造礁生物为主的复杂动物群。

奥陶纪海洋复原图

随着奥陶纪生物大辐射事件的到来,海洋霸权也开始易主。在奥陶纪地层中发现的化石以三叶虫、腕足动物、笔石动物、角石动物数量最多,珊瑚、苔藓虫、海百合、介形虫和牙形石等化石的数量也很多。节肢动物中的鲎类、脊椎动物中的有颌鱼类和无颌鱼类均已出现。在这样一个纷繁复杂的世界里,每个生物都过得无比精彩,接下来让我们走进它们的世界,领略它们的风采!

1 角石动物称霸海洋

生命大爆发带来多样性的同时,加剧了竞争的残酷性,物竞天择,适者生存,想要在海洋中占一席之地,必须不断地改变自己。寒武纪末期,奇虾渐渐没落,取而代之的是游泳速度更快、体型更大、适应不同环境的肉食头足类,例如角石,这些头足类的后代是现代海洋中的章鱼、乌贼、鹦鹉螺。它们以超强的游泳和捕食能力占据着奥陶纪海洋霸主的一席之地。

1. 震旦角石(*Sinoceras*)

震旦角石,又被称为"中华角石",是已灭绝的鹦鹉螺亚纲中的一个属。因其外形似竹笋或宝塔,被人们赋予了许多别名,如宝塔石、竹笋石等,同时也被赋予了美好的寓

中华震旦角石

意，如镇宅驱邪的宝物以及"节节高升"的象征。由此也常常被当作化石收藏品或艺术品而备受人们的喜爱。

震旦角石大量分布在我国华南地区的中奥陶统的石灰岩之中，如三峡地区（古地理位置属于华南地区）就有大量震旦角石产出。震旦角石有很好的地层和地质年代指示意义，当我们发现它，就表明它所在的地层形成于距今4.6亿年的中奥陶世。

2. 喇叭角石（*Lituites*）

喇叭角石，又名薇角石，也是已灭绝的鹦鹉螺亚纲中的一个属。顾名思义，角石外壳的形状像喇叭，卷曲成平面螺旋。经过幼年的卷曲部分，它们会逐渐成长为笔直或轻微弯曲的部分，早期的房室会充满气体或液体。成年喇叭角石会占有部分壳的非卷曲位置。住室的开口狭长，软体部分居住于此。

喇叭角石

2 带刺的三叶虫

三叶虫化石上曾发现被咬的痕迹，说明三叶虫经常被其他海洋动物捕食。由于大量食肉类角石动物称霸海洋，三叶虫在胸部、尾部长出许多针刺,用以防御食肉动物的袭击或吞食。有的三叶虫将眼睛长在长柄上,这样即使它们藏在泥沙里也能看到外面,探测敌情。

三叶虫化石很容易找到,从俄罗斯到摩洛哥再到美国,在世界各地的海相岩石中已经发现了几千种不同的三叶虫化石。这不仅因为它们数量多,还因为它们定期脱去外壳。随着动物的生长,外壳落入海底,常常被掩埋,变成化石。

带刺的三叶虫(纵瑞文供图)

底栖固着的腕足动物

腕足动物是一类海生底栖的无脊椎动物,软体披着两瓣大小不等但左右对称的钙质壳体,较大的那个壳称为腹壳,较小的称为背壳。腹壳上往往会有一个小孔伸出肉茎,用于支撑身

| 前寒武纪 | 寒武纪 | 奥陶纪 | 志留纪 | 泥盆纪 | 石炭纪 | 二叠纪 | 三叠纪 | 侏罗纪 | 白垩纪 | 古近纪 | 新近纪第四纪 |

距今46亿年　　　5.41亿年　5亿年　　　　4亿年　　　　3亿年　　　　2亿年　　　　1亿年　　　0

体并固着在海底。还有一部分腕足动物不是用肉茎固着，而是以腹壳或壳刺支撑固着。软体部分有两个旋卷的纤毛腕，用于呼吸和捕食，但最早研究时误以为腕和软体动物的足都是运动器官，故取名"腕足"。腕足动物喜欢群居生活在水深200米以内的温暖浅海区域，以过滤海水中的微生物为食。

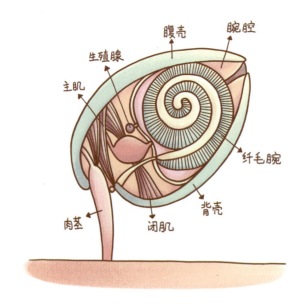

腕足动物软体特征示意图

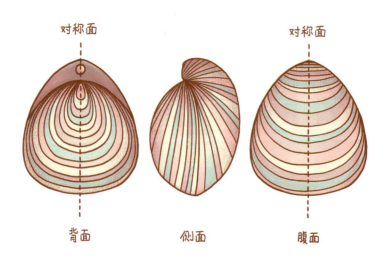

腕足动物的外形是左右对称、两瓣不对称

正形贝（背视）

正形贝（腹视）　　　　正形贝（腹视）　　　　正形贝（背视）

拟态贝（背视）　　　　拟态贝（腹视）　　　　锐重贝（背视）

锐重贝（腹视）

奥陶纪常见的腕足动物化石

腕足动物最早出现于寒武纪，一直到现代海洋中还有腕足动物的存在，最为常见的就要属海豆芽了。在奥陶纪之前，腕足动物家族并不是什么"名门望族"，家族成员也不多，而在奥陶纪的这次生命大辐射中得到了迅速发展，出现了许多新类型，队伍迅速扩张，也成为了其后 2 亿多年浅海区域最具优势的底栖动物。在经历了古生代、中生代之交（距今约 2.52 亿年）的生物大灭绝事件后，腕足动物家族变得十分萧条，其统治地位被软体动物双壳类取代。腕足动物化石是一类重要的标准化石，在地质年代的确定和古环境恢复中有着重要的作用。

4 群体生活的笔石动物

笔石动物是一类微小的蠕虫状生物，它们像今天的珊瑚虫一样群体生活，多为浮游生活，部分扎根于海底，身体像树枝一样舒展开来。笔石动物出现于中寒武世，到早石炭世基本灭绝，历经 2 亿多年。在早奥陶世早期和中、晚奥陶世最为丰富，这也是笔石动物主要的发展时期，具有重要的地层指示意义，被认为是奥陶纪和志留纪的标准化石。笔石的涌现和繁盛，预示着高等生物的先驱已经出现。

笔石动物的骨骼主要由硬质蛋白质组成，它们的化石多保

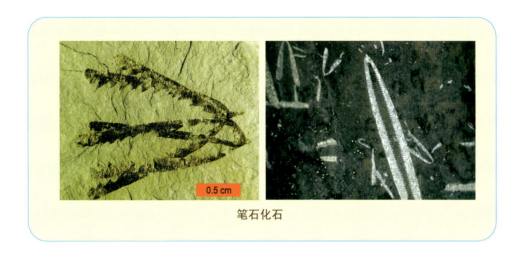

笔石化石

存在碳质泥页岩薄膜之中,其形态像是笔在岩石表面书写后留下的痕迹,因此得名"笔石"。其单个个体大小多在 1~2 毫米,但整个笔石体的长度可以达到 1 米。

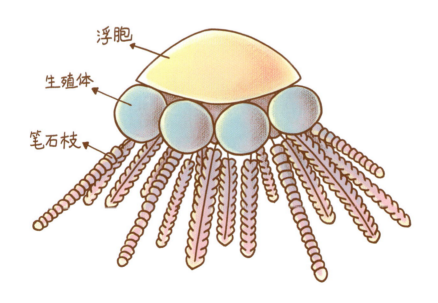

一个笔石簇的复原图

笔石动物群体很可能是先通过有性生殖,再通过无性生殖方式产生的。波兰的一位古生物学家曾在笔石化石的胞管中发现卵状的囊状体,怀疑是笔石的虫卵,并据此推测,受精的虫卵发育成幼虫,离开母体,在水中浮游,这是有性生殖;而笔石动物幼虫,先分泌原胎管,继而分泌亚胎管,无性芽生第一个胞管,再芽生第二个胞管,如此连续出芽,形成笔石枝,这个过程是无性生殖。

笔石是一种很好的指示环境的化石。当笔石出现在潟湖或深海环境时,多保存在页岩之中,会形成一种独特的"笔石页岩相",可以很好地指示页岩气资源。研究笔石对页岩气的勘探和开发具有参考价值。

5 揭秘奥陶纪生物大辐射

奥陶纪生物大辐射事件并不是一个偶然事件,也不是由单一的因素主导引发的,它是一个长期的、生物与环境相互作用的复杂过程。科学家仍在探讨其原因,目前提出的观点有以下几种。

1. 隔离产生变异

在距今大约 9 亿年前的元古宙时期,地球上的大部分陆地紧密连在一起,被称为罗迪尼亚超大陆。这块超级大陆从大约 7.5 亿年前开始慢慢解体,到了 4.8 亿年前的奥陶纪,正是罗迪尼亚超大陆四分五裂、板块活动十分剧烈的时期。超大陆解体成了大量岛屿和陆块,这些岛屿和陆块逐渐远离,被隔离的物种不能相互交流后，为了适应各自的环境而逐渐演化成了不同的物种。

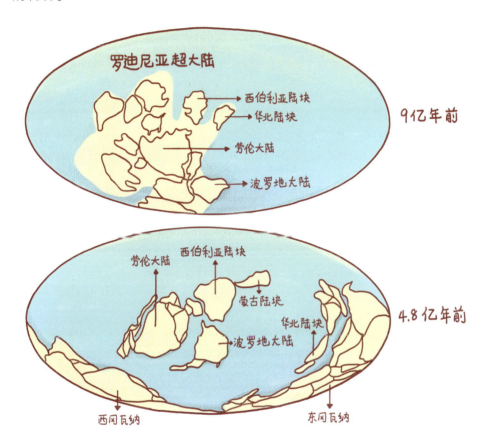

罗迪尼亚超大陆的分裂示意图

2. 食物来源极为丰富

伴随着剧烈的板块运动，火山活动也越发频繁。火山喷出大量火山灰，加上新形成的山脉被风化剥蚀，岩石和矿物碎屑源源不断地被输入到海洋中。而其中的许多矿物质是生物必不可少的营养，这就相当于为海洋生物提供了大量的食物，生物的数量自然就出现了爆发式增长。

3. 气候环境变化提供契机

火山活动还释放了大量二氧化碳，寒武纪末期到奥陶纪初期，地球大气中的二氧化碳浓度约为现代大气的 15 倍,地球的温室效应使得各种生物处于水深火热之中,是非常不适合生物的生存与繁殖的。但是后期出现了多次降温事件,使得气候变得适宜生物的生存繁衍。前期的温室效应加剧了海平面的上升,浅海面积因此扩大,为海洋生物的繁盛提供了更多的场所,这才引起一次次高潮迭起的生物大辐射。

4. 生物内因

尽管全球气候温度变化和自然地理隔离等都是重要因素,但最关键的还是生物自身对温度等环境的适应。外因是条件,内因是根本。科学家研究认为,奥陶纪生物大辐射的内因在于生物自身的改变,比如生活方式、新的身体构型、组织和器官的出现、基因突变等,增强了自身对环境的适应能力。有研究发现,早奥陶世时期,腕足动物的新生率开始上升,并逐渐取代三叶虫的底栖地位,而三叶虫有向深水环境迁移的趋势,另辟新居以求生存。

第 5 篇

植物抢滩登陆

地球历史上发生过很多影响深远的重要事件,毫无疑问,生命的登陆就是其中之一。在这样一场地球生命的登陆战中,植物义无反顾地担起先锋军的重任。就如同人类历史上那些伟大的登陆战役中第一波冲击滩头阵地的勇者们一样,植物"逢山开路,遇水架桥",对地球上的环境进行了初步的改造,为后续的其他生命大规模登陆"撕开了一个口子"。植物是如何登陆的?它们在登陆过程中又面临什么样的挑战?在自然选择下,它们又演化成了什么样子?想要了解这些问题,我们需要从海洋中的绿藻说起。

1 尝试登陆的真核藻类——绿藻

绿藻是一种在全球范围内广泛分布的藻类，在现存种类中，淡水种类占到90%。然而，至少在距今4.2亿年之前，绿藻的所有种类都是不折不扣的海生种类。科学家们发现，现代绿藻所含的光合色素以及储藏其营养物质的方式都和高等植物类似，因此我们一般认为绿藻是原始的高等植物的祖先，也就是说原始的高等植物是由绿藻进化而来。

传统的观念认为，以绿藻为代表的各种藻类先在滨海环境下进化为一些原始的高等植物，然后高等植物逐步占领陆

现代海生绿藻——伞藻

| 前寒武纪 | 寒武纪 | 奥陶纪 | 志留纪 | 泥盆纪 | 石炭纪 | 二叠纪 | 三叠纪 | 侏罗纪 | 白垩纪 | 古近纪 | 新近纪第四纪 |

距今46亿年　　　5.41亿年 5亿年　　　4亿年　　　3亿年　　　2亿年　　　1亿年　　　0

地。但事实上,藻类登陆进程的开始,远远早于高等植物。美国的古植物学者曾在宾夕法尼亚州的晚奥陶世地层中发现了大量的钙质管状微粒,分析表明这些微粒并非属于高等植物,而是属于藻类。由此可见,在距今约4.4亿年的晚奥陶世,陆生淡水藻类就已经出现,并很可能是陆生植物的祖先之一。

在距今约4.2亿年前的志留纪末期,地壳受到一次大范围的造山运动的影响(地质学家称这次造山运动为"**加里东运动**"),陆地面积不断扩大。原本生活在水中的绿藻,不得不面临生活环境发生巨大变化的困境,在自然选择的作用下,绿藻类的大规模进化开始了。

化石记录表明,藻类的进化主要有两个方向:一是向苔藓植物进化,它们的孢子体依附在配子体上,依靠水进行有性生殖;二是向原蕨植物进化,它们会利用有坚韧外壁的孢子进行传播繁殖。

小知识点

【加里东运动】指志留纪末期发生的地壳运动,研究人员在英国苏格兰的加里东山发现了这次地壳运动的典型证据,于是以加里东山来命名。

■■尴尬的登陆过程■■

绿藻最初的登陆过程,其实堪称尴尬。根据推测,这样一幅场景展现在我们眼前:生活在沿海潮间带的一些藻类被海浪卷上陆地,原来漂浮于水体中的藻类由于失去水的浮力而堆积到一起,变成软趴趴的一大滩。其中一些藻类保持在一个相对低矮的位置,兼顾一定的光照和水分,其自身结构并未发生根本上的改变,这一支就进化成现今的苔藓植物;另一支则极力追求更高的生长高度,向上托举它们的身体,为了解决水分养料输送的问题,它们不断努力改变自己的结构,最终形成维管植物类群,进而统治全球大部分的陆地。

2 早期维管植物的成功之道

对于较为原始的地球生命而言,在陆地上生存,并非是一件容易的事情。从水中到陆地,生命往往面临着三大主要问题:重力问题、水分问题和繁衍问题。

植物往往是由下向上,克服重力生长。在陆地上,没有了水体的浮力,植物们面临的第一道难关就是要先学会挺起腰杆,克服重力所带来的自身结构支撑问题。同时需要解决的另一个问题就是水分问题。在陆地上,环境相对于水中显得十分干燥,植物在陆地上生活就需要披上结构致密的"外衣"来防止水分的过度散失,并学会呼吸空气。

在这样的生存压力下,维管植物出现了。维管植物就是具有维管系统的植物,维管系统主要由木质部和韧皮部组成,维管在结构上对植物向上生长起到了支撑作用,同时兼顾了从地下向上部运输水分和养分的功能。不同时期的化石记录显示,随着陆生植物的发展演化,维管组织的疏导能力不断增强,其多样性也不断增加。

表皮和气孔则是植物为解决水分问题而准备的另外两大利器。只要我们仔细观察就会发现,植物叶子的表面有一层薄膜(即表皮),在膜上有一些小白点(即气孔)。表皮可以防止水分蒸发,气孔则是用于呼吸,这些结构能帮助植物在陆地上更加顺利地生活。

在陆地环境压力下,登陆的植物为适应脱离水体的环境,产生了新的繁殖方式——孢子生殖。这种繁殖方式可以使植物在较为干燥的环境中完成生殖细胞的有效扩散,减少繁殖过程对水的依赖。早期陆生植物的孢子一般是保存在一个囊状物里,即孢子囊。孢子密度比空气小,能够悬浮于空气中,随气流或水流漂移到各处,并在适当的环境中萌发。

解决了陆地上生存的三大主要问题后,真正意义上的陆生植物——原蕨植物也就正式登场了。顶囊蕨就是原蕨植物的典型代表之一。

3 最早的陆地开拓者——顶囊蕨

顶囊蕨(*Cooksonia*),又名光蕨或库克逊蕨,出现于距今约4.2亿年的志留纪末期,可能是最原始的陆生维管植物,是所有现代蕨类植物的先驱者。与我们所想象的为了适应地球恶劣环境而导致的奇形怪状的外表不同,这一植物在某种意义上来讲堪称是"弱不禁风",是一种结构非常简单的原始有茎维管植物。根据保存下来的化石记录,这种植物矮小且纤细,仅有几厘米高,茎只有火柴棒那么细,呈"Y"形分枝,无根无叶。在它的每一分枝顶端长着一个球形或肾状的孢子囊。

顶囊蕨生态复原图

4 最早的森林

当顶囊蕨突破了原始地球陆地的"滩头阵地",从海滩冲向陆地的每个角落后,植物们幸运地遇到了一段十分长久的温暖潮湿的时代。泥盆纪和紧接其后的石炭纪(距今约 4.2 亿~2.9 亿年)的气候都非常温暖湿润,陆地上沼泽遍布。这一环境为蕨类植物继续占领更大的生活领域提供了较大便利。植物们在这得天独厚的环境中持续进化,地下茎逐渐变成了真正的根,从而吸收更多的水分和营养元素;地上的茎开始分化,出现了专门进行光合作用的叶。根、茎、叶的分化标志着下一个阶段的主角——石松植物正式登场了。

与矮小的顶囊蕨所代表的原蕨植物不同,石松植物

65

具有强壮的根系、挺拔的茎干和片状的叶子,它们的体型也逐步强大起来,以至于可以遮挡太阳光对地面的直射,万千个石松植物的聚合,形成了陆地上最早的森林,让大地头一回披上了"绿装"。在河流、沼泽等水分充足的地带,布满了高大的鳞木和芦木,它们的茎干高30~40米,直径2~3米,与今天的那些参天大树相比毫不逊色。

1. 鳞木(*Lepidodendron*)

鳞木是石松植物中最具有代表性的一个属,它出现于石炭纪(距今约3.5亿~2.9亿年)和二叠纪(距今约2.9亿~2.5亿年)。完整的鳞木植株是呈现乔木状的高大蕨类植物,枝条多呈二歧式分枝,细小的单叶螺旋状密集排列在枝条上,形成宽广的树冠。而我们能够见到的鳞木化石,则主要是这些植物的叶座结构。

这些叶座结构通常为菱形片状,是鳞木的叶的基部膨大脱落后在茎和分枝表面

鳞木植株复原图与叶座化石结构

留下的痕迹。在化石中,往往是一块鳞木表皮上保存着很多鳞木的叶座结构,就像我们在博物馆中见到的那样。

猫眼鳞木的叶座化石

2. 煤炭资源

对人类来说,石炭纪可能是最重要的史前纪元之一。为什么这样说呢?因为我们人类开采的煤炭资源一半以上都产自石炭纪地层,它们是人类进入工业时代的头号功臣。

那么,为什么石炭纪能产这么多煤呢?当时气候温暖湿润,植物极其繁盛,高大的蕨类树木组成森林,湖泊和沼泽遍布大陆。树木死亡后遗骸沉入水下,与空气隔绝,有效地防止了被氧化分解。数百万年的稳定气候又使一代代植物在当地周而复始地生长,大量堆积,经过3亿年的物理、化学作用,最终变成了黑漆漆的煤炭,被称为化石能源。

第一片森林的出现并不只是诞生了一个由多种植物组成的群落那么简单,它是生物改造地球环境的一个重要里程碑。绿色的森林通过呼吸作用消耗二氧化碳,产生氧气,改变大气成分的比例,为脊椎动物的登陆创造了有利

石炭纪森林景观复原图

条件。同时,森林通过吸收水分与蒸腾作用,参与到了全球的水循环之中,改变了全球的气候。第一片森林的出现,让地球之肺进行了第一次呼吸,改造了地表的生态环境,完成了生命登陆的光荣使命。

第 6 篇

脊椎动物向陆地进军

肉鳍鱼　　　提塔利克鱼　　　　　鱼石螈　　　　林蜥
4.23亿年前　　　　　3.67亿年前　　　　3.15亿年前

所有陆地脊椎动物（包括人类在内）的共同祖先都可以追溯到在3亿多年前的泥盆纪登陆的鱼类。一百多年来的化石发现和深入研究，为人们谱写出鱼类登陆的演化史诗。

　　研究发现，在泥盆纪早期发生了一系列地质运动，部分洋壳的抬升导致大面积水域消失，变为陆地或沼泽等不适合鱼类生存的环境。又有一部分原本开阔的海洋环境变得狭窄，又因为沿岸植物产生的有机质加入，氧化分解后使得封闭的水体变得浑浊缺氧，环境恶化。这就迫使部分鱼类不得不向陆地迁移，寻找新的水源和居住地。其中，大多"探险者"悲惨地死去；还有一少部分鱼类找到了新的水源，继续过着它们的鱼类生活；但是，有的鱼类依靠自身的优势，能够适应陆地的环境，并逐渐繁衍演化，最终变成了两栖类乃至爬行类。鱼类登陆是脊椎动物进化史上具有飞跃意义的事件。

| 前寒武纪 | 寒武纪 | 奥陶纪 | 志留纪 | 泥盆纪 | 石炭纪 | 二叠纪 | 三叠纪 | 侏罗纪 | 白垩纪 | 古近纪 | 新近纪 第四纪 |

距今46亿年　　5.41亿年 5亿年　　　　4亿年　　　　3亿年　　　　2亿年　　　　1亿年　　　　0

1 早有准备的肉鳍鱼类

鱼类爬上陆地,必须具备三个条件：有肺,可以在空气中进行呼吸；有四肢,可以支撑身体和运动；有能在空气中发挥作用的感觉器官,能在新环境中眼观六路、耳听八方。非常巧合的是,有一种肉鳍鱼类,早在登陆以前,它们的感觉系统和运动器官就已经逐渐呈现出一些与众不同的特征,为即将到来的陆地生活做好了充足的准备。它们拥有能在空气中而不是水中发挥作用的听觉、视觉以及神经系统,形如四肢的鱼鳍以及类似肺、能用于气体交换的鱼鳔,这些结构似乎是早有准备,一旦环境发生改变,它们就可以登上陆地寻求生机。

肉鳍鱼类的典型代表有扇骨鱼类、腔棘鱼类、肺鱼类,并不是所有的肉鳍鱼类都能够幸运地适应陆地的生活。究竟是哪一类最终成功登陆,还有待于进一步的研究。

1. 梦幻鬼鱼（*Guiyu oneiros*）

2008年,中科院古脊椎动物与古人类研究所的研究员朱敏在云南4亿多年前的志留纪石灰岩中发掘出一块鱼类化石标本,命名为"梦幻鬼鱼",这是迄今为止全球最古老的保存完整的硬骨鱼乃至有颌脊椎动物化石,也是志留纪唯一完整保存的有颌类化石。这项重大发现将最古老的近乎完整的硬骨鱼化石记录向前推进了约800万年。这位鱼祖宗身上汇集了有颌类动物的众多原始特征,它长着鲨鱼（软骨鱼类）一样的刺、颊部骨骼排列像青鱼（辐鳍鱼类）、脑袋和肺鱼（肉鳍鱼类）一样有前后关节。梦幻鬼鱼代表了最原始的肉鳍鱼,因此它很有可能是四足动物的祖先。

梦幻鬼鱼化石及复原图（朱敏等，2009）

2. 腔棘鱼（*Coelacanth*）

在距今4亿年前的泥盆纪时代，腔棘鱼的祖先用它强壮的鳍爬上了陆地。其中的一支越来越适应陆地生活，演化成为真正的四足动物；而另一支无法适应陆地环境或是迫于竞争压力，又重新返回大海，并在海洋中寻找到一个安静的角落生活，在6000万年前销声匿迹。令人惊奇的是，在6000万年后的今天，在水中低调生活的腔棘鱼又重新回到了人们的视野。在1938年，一条怪模怪样的鱼在哥摩罗群岛被渔民无意间捕捞到，经科学家鉴定就是腔棘鱼。其后，人们又陆续发现了20多条活的腔棘鱼，它们会仰泳、会倒游，还会抖动全身的鳍,像是在跳舞。在此之前人们一直以为它们已经灭绝了,没想到它们居然幸存下来,被认为是珍贵的"活化石"。

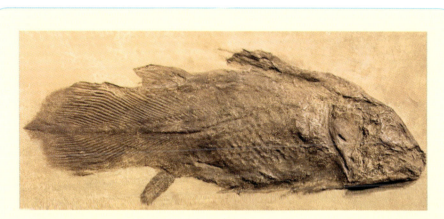

腔棘鱼化石(Charlie Lindgren 拍摄于哈佛大学自然历史博物馆)

现代腔棘鱼(图片来自维基共享资源网)

3. 提塔利克鱼(*Tiktaalik*)

提塔利克鱼是最古老的四足形动物,生活于距今 3.75 亿年前的泥盆纪晚期,化石发现于加拿大北部。它的头部可以自由转动、有尖利的牙齿、身上布满鳞片、形似鳄鱼,能用强壮的胸鳍在浅水滩伏地挺身。化石特征显示它是一种生活在浅海的底栖动物，可以短时间离开水域，头骨可以支撑其身体的重量。提塔利克鱼拥有许多类似早期四足动物的特征，头顶短、头部和肩部开始分离，前肢的关节和先进的四足类群很像。它们可以在陆地上行走，但还不太稳固。古生物学家认为它是潘氏鱼与早期两栖类之间的过渡物种。

提塔利克鱼化石（Ghedoghedo 拍摄于布鲁塞尔自然历史博物馆）

提塔利克鱼复原图

2 最早的两栖动物——鱼石螈

到鱼类时代中期（距今约3.7亿年前），肉鳍鱼从水中爬向陆地，开始了生物界最为伟大的探险。随着向陆地的不断进军，它们成功演化成两栖动物。两栖动物不同于鱼的最大特点就是，它们开始用肺呼吸，比鱼的心脏多了1个心房，从而开启了陆生脊椎动物的新时代。两栖动物可都是典型的"肉食主义者"，喜欢以蠕虫、蜘蛛和昆虫等为食，它们在浅滩中有着天然的优势，高级的呼吸系统让它们可以自由呼吸空气中的氧气，先进的四肢让它们在浅水中更加活动自如。

现阶段发现的最早的两栖动物化石产自格陵兰地区，这种动物是生活在距今约3.67亿年的泥盆纪晚期的鱼石螈。鱼石螈是从肉鳍鱼类演化而来的早期四足两栖动物，具有类似鱼类的身体形状，身体后半部分有鳍条的尾部，头部残余有前鳃盖骨。它的身体结构虽然还保留了

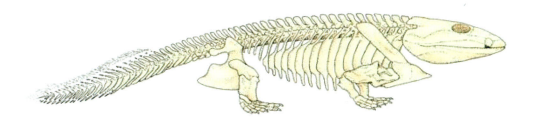

鱼石螈化石素描图

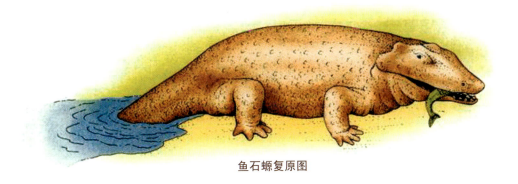

鱼石螈复原图

一部分鱼类的特征，但是演化方向是与现今成熟的两栖类一致，所以鱼石螈可以视为两栖类的原始类群。

虽然两栖动物已经可以在陆地上进行较为持久的活动，但是在当时的环境下依旧存在着失水速度过快、繁殖不能脱离水的问题，这也造成了两栖动物的活动范围较为局限，只能在水源地附近活动，不能离开太远，且幼年时期需要在水中发育，所以对水体仍然有着较大依赖的两栖动物并没有完成真正的登陆。

3 爬行动物问世

随着时间的推移，两栖动物逐渐演化成真正的陆生爬行动物，它们彻底摆脱了对水体的依赖，可以永久地生活在陆地上。为了适应陆地的环境，它们不断努力地改变着自身的结构，进化出致密的角质化鳞片或甲，大大降低了水从皮肤散发的速度。更加厉害的是，它们在体内演化出完备的羊膜卵，为胚胎的发育提供了一个很好的环境。它们从此不必再回到水里进行繁殖，这有利于进一步开拓陆上的活动空间。

而另一个有利于开拓陆上领土的条件，就是四肢的进化。两栖动物的腹部与四肢基本位于一个平面，运动能力也因此受到了一定的限制。而爬行动物的四肢可以把腹部不同程度

林蜥化石

地抬起,形成一个高度差,将四肢原本在水平面内的前后摆动,变为在垂直面的前后移动。这大大地提高了运动效率,有利于捕食或逃避被捕食。

根据化石证据,目前发现的最古老的爬行动物是产自3.15亿年前(石炭纪晚期)的林蜥,隶属于杯龙目。相比于之前的大家伙,林蜥的体型却是小巧可爱,它们的身长约20厘米,外形已经与身体瘦长的现代蜥蜴十分相似。它们有着比两栖类更长、更高的坚实头骨,这说明它们的脑容量以及视觉、嗅觉、听觉都产生了进一步的进化。此外,它们的牙齿也与两栖类的迷齿类型明显不同,在上下颌的边缘上已经进化出锋利的小尖牙,说明它们也是"肉食主义者"。其骨骼属于典型的爬行类型,肩带骨与喙状骨的联合加强了前肢的灵活性和力量。

脊椎动物登陆过程示意图

【羊膜卵】在生物的进化过程中,爬行动物演化出了羊膜卵这种繁殖结构。羊膜卵外部是一层坚硬的石灰质卵壳或柔韧的纤维质卵壳,卵壳内为一层致密的薄卵膜,防止水分散发和受到机械损伤、微生物侵害。卵壳表面有许多微孔,以保持与外界的气体交换。

4 陆地上从未有过的热闹

化石证据为人们描绘出这样一个场景：在泥盆纪的森林中，穿行着一群我们熟悉的小家伙——昆虫、蝎子和蜘蛛等陆生节肢动物。事实上，早于鱼类演化成两栖类登陆 2000 万年，节肢动物就已经"捷足先登"，它们率先离开水，并掌握了在陆地上呼吸和运动的技巧。植物和昆虫家族的繁盛，又为陆生爬行动物的生活提供了适宜的环境和必须的"粮草"。待陆生爬行动物出现后，整个陆地出现了前所未有的热闹场景。此后，爬行动物逐步占领了陆地环境，逐渐辐射演化，后期有一部分爬行动物回到水里，演化出鱼龙、海龙、鳄类、龟类等，另有一支变成了天空的统治者——翼龙。在中生代时期，这些爬行动物在水、陆、空各个领域都极为繁盛，因此中生代也被称为爬行动物的时代。

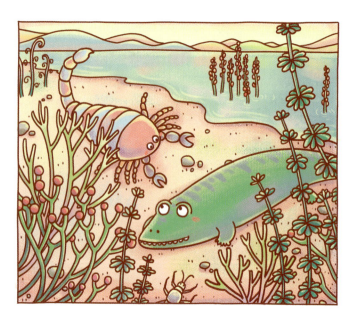

动物登陆后的陆地景观

第 7 篇

辉煌的恐龙家族

如果能够回到过去，我想我最希望回到1.6亿年前的恐龙时代，大型的蜥脚类恐龙在河边悠闲地散步；成群的翼龙在湖上空盘旋，其中的一只突然靠近湖面衔起一条大鱼；一只剑龙则四处张望，确保安全后低头享受美食；远处的永川龙则瞪圆了双眼，慢慢靠近，忽然惊起了正在觅食的灵龙，迅速窜入密林中……

1 名字由来

1842年，英国古生物学家理查德·欧文正式创建了一个名称——dinosaur，原指一些已经灭绝了的大型陆生脊椎动物。这个词来源于希腊语，由"dino"（意思是"恐怖的"）和"saur"（意思是"蜥蜴"）两个词根组成，合起来就是"恐怖的蜥蜴"。我国的地质古生物工作者把"dinosaur"译作"恐龙"，是因为我国一向有关于"龙"的传说，认为"龙"为鳞虫（指蛇、鳄、蜥蜴等）之长，所以把希腊义的"saur"译为"龙"。从此恐龙一词传遍大江南北，受到更多人特别是小朋友们的喜爱。随着越来越多的研究发现，恐龙的概念也在不断发生着变化。恐龙不仅包括大型的类群，它们也可以长得很小，只有家鸡那么大，它们也可以很温顺，并不都那么恐怖。

2 恐龙的分类

科学意义上的恐龙仅包括蜥臀目（Saurischia）和鸟臀目（Ornithischia）在内的陆生爬行动物，并不包括天上飞的翼龙以及海里游的鱼龙和蛇颈龙。恐龙的分类主要根据腰带（腰胯部的骨骼）的不同。腰带由三块骨骼组成，分别是位于上部的肠骨（也叫髂骨）、位于前下方的耻骨和后下方的坐骨。

蜥臀目（左）和鸟臀目（右）恐龙腰带示意图

蜥臀目具有三射型腰带，肠骨向后延伸较长，耻骨向前延伸，坐骨后伸，组成一个三脚架，与蜥蜴相似。蜥臀目恐龙包含素食的蜥脚类和肉食的兽脚类2个分支。众所周知的马门溪龙、腕龙、梁龙、阿根廷龙等，都属于蜥臀目恐龙。

鸟臀目为四射型腰带，肠骨向前、后两个方向延伸，耻骨与坐骨平行排列，还发育一个前突起，伸向肠骨下方，整体结构像长方形，腰带结构与鸟类较接近。鸟臀目恐龙都是素食的，善于奔跑、行动敏捷，主要包含异齿龙类、鸟脚类、剑龙类、甲龙类、角龙类和肿头龙类6个分支。

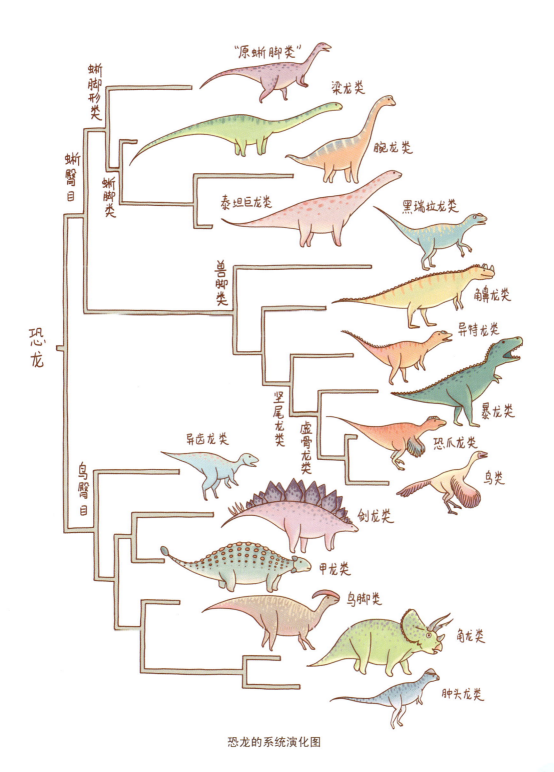

恐龙的系统演化图

3 家族成员

恐龙对我们而言,是古老而神秘的动物。虽然它们已经灭绝了几千万年,但通过它们的化石,我们依旧可以描绘出恐龙的本来样貌和生活场景。目前全世界范围内,已经发掘出来的恐龙化石(包括骨、牙齿、足迹、恐龙蛋等)约有 2000 多个,已命名的恐龙共计 1000 余种。 我们经常在电视看见的、耳熟能详的恐龙有 10 多种,如霸王龙、梁龙、剑龙、马门溪龙、三角龙、鸭嘴龙等,让我们一起来认识一下这些恐龙家族的朋友吧!

1. 永川龙(*Yangchuanosaurus*)

提到恐龙时代的王者,大家首先想到的肯定是霸王龙。不过霸王龙出现的时间很晚,仅生存于晚白垩世的北美洲。令人意想不到的是,霸王龙的祖先在侏罗纪

和平永川龙骨架

的时候还只是一个体长仅有2米的体型纤细的猎食者,时常会受到大型肉食类恐龙(如异特龙)的攻击。永川龙即属于异特龙类的一支。这样看来,永川龙是不是比霸王龙更厉害了?

永川龙是根据它的发现地而命名的。第一个完整骨架产自四川省永川县(现为重庆市永川区)上游水库大坝工地,因此被命名为上游永川龙。它们体长可以达到8米,而后在该地又发现了一具更大的较完整骨架,取名为巨型永川龙,后者体长超过了9米。1985年四川省自贡市和平乡又发掘出一具体长约8米的骨架,取名为和平永川龙,不过由于该标本和中华盗龙属的骨架更像,后被改名为和平中华盗龙。

永川龙头骨比例大,具有锋利的匕首状牙齿,脖子短粗,前肢短,有三个爪,后肢粗大,用于支撑整个身体。它们生活在丛林中,以猎食剑龙和其他小型蜥脚目恐龙为生。2017年永川龙入选中国特种邮票。

永川龙复原图

2. 禄丰龙 (*Lufengosaurus*)

禄丰龙是生活在我国早侏罗世(约 1.9 亿年前)的一类相对小型的原始蜥臀目恐龙,在我国的恐龙研究史上具有多个第一。它是第一个由我国学者自主研究和装架的恐龙化石,在 1938 年由我国古脊椎动物的奠基人杨钟健先生发掘并命名;它也是我国发现的最古老的恐龙属种,生活在距今 1.9 亿年前的早侏罗世;它还是第一个登上中国邮票的恐龙(1958 年),所以被称为"中国第一龙"。禄丰龙化石数量众多,目前已经发现了上百具骨架化石。

和巨大的蜥脚目恐龙相比,禄丰龙算是小个头了,不过它的体长也达到了 6 米,最大的个体也达到了 9 米长。和相近时代的板龙(*Plateosaurus*)相

禄丰龙化石骨架

比,禄丰龙脖子更长,显示了向蜥脚类演化的特征。不过禄丰龙前肢较短,后肢粗壮,是两足行走的植食性恐龙。身后拖着一条粗壮的大尾巴,站立时可以用来支撑身体。头骨很小,和身体相比似乎不太匀称,牙齿形态相似,侧扁呈勺状内弯,两侧还有锯齿。

禄丰龙复原图

近年来,对禄丰龙的研究有了突破性的进展,人们发现了大量禄丰龙的胚胎化石,并重建了它们在胚胎期的生长速率模型,研究表明它们能够快速生长,而且肌肉也在快速发育,这为陆生脊椎动物胚胎期骨骼肌肉的生长提供了最古老的证据。2017 年,研究人员又发现了禄丰龙肋骨上保存了蛋白质的痕迹,这是迄今为止发现的最古老的蛋白质证据。

3. 马门溪龙(Mamenchisaurus)

马门溪龙属于植食性的蜥脚目恐龙,生活在 1.6 亿年前的侏罗纪晚期,分布于我国的四川盆地和新疆准噶尔盆地。马门溪龙因其巨大的体型和长长的脖子而闻名于世。它的体长可以达到 22 米,仅脖子就有 9 米长,由 19 节颈椎组成,是长颈鹿脖子的 3 倍长。而随着越来越多的马门溪龙化石骨架的陆续发现,这一数据还在不断被刷新。新疆发现的中加马

合川马门溪龙化石骨架

门溪龙的体长可以达到 35 米,有"亚洲第一龙"之称。

马门溪龙的名字来自于它的第一具骨骼化石的发现地。早在 1952 年,工人们在四川省宜宾市马鸣溪渡口旁的建设工地上发现了一副巨型的化石骨架,并运送到了中国科学院古脊椎动物与古人类研究所,经杨钟健先生研究,被命名为建设马门溪龙。看到这里,你们肯定想问:不是在马鸣溪发现的吗?为啥现在都叫它马门溪龙?原来杨钟健先生是个陕西人,说话带点口音,明明说的是"马鸣溪",可工作人员听成了"马门溪",误把"马鸣溪龙"记录成"马门溪龙"。根据物种命名法,已经确认学名的物种不能改名,于是大家将错就错,而马门溪龙的口误也成为中国恐龙研究史上有趣的小插曲。

1957 年,四川省石油勘探队在合川县又发现一具巨型的马门溪龙化石骨架,由四川省博物馆进行了长达三个月的发掘,采集了 40 多箱化石。经杨钟健先生研究认为这是一个新种,命名为合川马门溪龙。合川马门溪龙化石具有更完整的骨架,仅缺少头骨和前肢,在多个博物馆均有陈列。马门溪龙化石不仅在四川有发现,在新疆也有发现。1993 年,中国、加拿大联合恐龙考察队在新疆发现了第三个新种,并命名为中加马门溪龙,随后还有更多的新种命名。

马门溪龙复原图

马门溪龙的体型巨大,这无疑会导致它们的行动迟缓。人们对它们的生活方式感到好奇。它们如何支撑其巨大的身躯?细长的脖颈会不会扭断?另外它们的头骨相对身体则显得太小,它们又是怎样控制这么庞大的身躯呢?关于第一个问题,研究人员曾认为它们生活在水里,仅头和部分脖子露出水面,依靠水的浮力来支撑整个躯体。不过这似乎不太现实,因为在水里对心脏可能产生较大的压力。现在人们更偏向于它们生活在陆地上,其充满腔室的脊椎会减轻它们的重量。关于第二个问题,马门溪龙颈椎上具有细长的颈肋,可达 2 米多长,可以很好地固定颈部,不过这也导致了它们颈部的不灵活。最后,马门溪龙较小的头骨似乎难以很好地控制整个身体的神经网络,不过研究认为在它们的腰部,也就是荐椎内侧可能具有发达的神经中枢,和大脑协同控制整个身体,因此具有"第二脑"之称。它依靠庞大的身躯可以吃到更高的嫩叶,而且还可以震慑其他肉食类恐龙,用于自我防御,蜥脚目恐龙一直生活到了白垩纪末,它们是一支演化非常成功的类群。

4. 鹦鹉嘴龙(*Psittacosaurus*)

鹦鹉嘴龙是一类小型的植食性恐龙,体长不到 2 米。因嘴巴像

正在觅食的鹦鹉嘴龙(化石骨架)

鹦鹉嘴而得名。鹦鹉嘴龙仅生活在亚洲地区，存活于1.2亿～1亿年前的早白垩世。虽然生存时间不长，它们却留下了大量的化石记录，已发现的有11个种，是保存化石数量最多的类群之一，在各大博物馆都可以看见它们的"身影"，由于数量众多，鹦鹉嘴龙也是人们研究最深入的恐龙之一。

　　恐龙以它们巨大的身型和奇特的外形著称，而鹦鹉嘴龙似乎有点名不副实。它们长得小巧灵活，也是两足行走。头骨很奇特，鼻孔高，颧骨向外突出，像长出了两支角，牙齿数量少，而且形态简单。由于还没有演化出后来角龙类特有的复杂的牙齿结构，所以它们需要靠吞食石头来消化食物，在大量鹦鹉嘴龙化石里都保存有胃石。鹦鹉嘴龙吻部没有牙齿，但是前端有坚硬的吻骨，能够切断植物，吻骨是角龙类特有的结构，所以鹦鹉嘴龙往往被认为是角龙类的祖先类群。

鹦鹉嘴龙复原图

　　在辽宁西部的热河生物群化石中发现了大量的鹦鹉嘴龙化石，通过对这些化石的研究，我们对它们的生理特征和行为方式有了更深入的了解。一件精美的鹦鹉嘴龙化石标本上罕见地保存了软组织结构，身体上有鳞片的印痕，和晚期的角龙类相似，更奇特的是尾巴上具有排列整齐的长毛状结构，这些结构和一些恐龙的原始羽毛类似。现在，古生物学家能够根据化石标本中保存的黑素体来复原鹦鹉嘴龙的颜色。最近研究表明鹦鹉嘴龙背部颜色较深，腹部颜色明亮，这是一种用于伪装的保护色，被称为反荫蔽色。因此推断鹦鹉嘴龙有可能生活在丛林中，当太阳光照射下来后背部的暗色就会显得不那么明显，不容易被捕食者察觉。

鹦鹉嘴龙成年个体是两足行走，因为其前肢太短，不到后肢长度的60%，但是它们在幼年的时候，前肢很有可能用于辅助爬行。一项有趣的研究表明，鹦鹉嘴龙从出生到3岁，前肢和后肢的生长速率相似，而从4岁到成年，后肢的生长速率才显著大于前肢，说明它们逐渐从四足行走向两足行走转化。

化石证据表明，鹦鹉嘴龙是一种群居的恐龙，因为经常发现多只鹦鹉嘴龙化石埋藏在一起。这可能是因为它们个头太小，不仅被其他肉食性恐龙猎食，还可能成为一些哺乳动物的美餐，最典型的发现是在一个强壮的爬兽肚子里还保存了一副鹦鹉嘴龙的残骸。所以鹦鹉嘴龙，特别是年幼的个体需要生活在一起来抵抗外敌。

5. 鸭嘴龙类（*Hadros-auroidea*）

鸭嘴龙不仅仅指一个属种，它们包括了很多

黑龙江满洲龙化石骨架

种类，如我国的黑龙江满洲龙，它们生活在白垩纪晚期，在亚洲和北美洲发现的化石种类非常丰富，应该是当时的优势物种。它们有一个共同的特征——嘴巴宽扁像鸭子的嘴巴，因此而得名。不过鸭嘴龙体型巨大，鸭子和它并没有可比性。鸭嘴龙主要有两点堪称奇特的地方：一个是鸭嘴龙中的赖氏龙亚科的头骨很奇特，顶部隆起形成中空的多样的头冠，不同的种类形态变化很大；二是它奇特的牙齿，数量可以达到上千颗，而且排列规整。

提起鸭嘴龙，在我国最著名的当属山东省莱阳市附近发现的棘鼻青岛龙。体长约7米，身高4米多，是一种大型的植食性恐龙。"棘鼻"指它的头上有一个向上直立的管状突起，像传说中独角兽的独角。这个棘鼻有什么用途呢？有很多种说法，有人认为是防御器官；有人认为只是一种装饰；也有人认为鸭嘴龙生活在水里，棘鼻可以露出水面进行呼吸；还有人认为它可以扩大发声，比如求偶、呼唤同伴等。最新的研究认为

棘鼻青岛龙头骨化石及其复原图

这个棘鼻不是一个独立的结构,而是鸭嘴龙巨大的头冠破损后残留的结构。

鸭嘴龙类能够成为当时的优势物种,很有可能和它们的牙齿密切相关。鸭嘴龙的牙齿可以有上千颗,因为每个齿槽里面牙齿可以多达7颗。牙齿之间密集排列、相互支撑,构成其特有的牙齿排列方式。它们牙齿上较厚的釉质适合研磨植物,而它们的研磨方式为独特的上下颌研磨。所以在和其他植食性恐龙,特别是大型的蜥脚目恐龙的竞争中,鸭嘴龙类具有明显的优势。

鸭嘴龙类下颌内侧可见密集排列的牙齿

6. 沱江龙(*Tuojiangosaurus*)

沱江龙生活在侏罗纪晚期,隶属于剑龙类,目前仅发现1个种,命名为多棘沱江龙,化石产于四川省自贡市的伍家坝,有两个个体材料。和其他剑龙类一样,沱江龙背部有两排(约15对)三角形的骨板,尾巴末端有两对尖锐的骨刺,可以对抗外敌的袭击。

剑龙类背部的骨板的功能一直是个未解之谜。据研究人员推测,这些尖锐的骨板应该有防御的功能,当受到外界威胁时,剑龙类的背板能够迅速充血,变成非常绚丽的颜色以威慑强敌。此外,这些骨板可能还有调节体温的功能,骨板表面有密集的凹槽,这些可能是血管通道,天气热的时候能够散热,天气冷的时候可以吸收太阳热量。

剑龙类的头骨相对体长非常小,大脑更小,应该属于比较笨重的恐龙。所以早期人们推测它们和蜥脚目一样在腰部荐椎内侧存在"第二大脑",不过这一说法目前仍然需要验证。剑龙类的牙齿也很小,形态简单,仅能用于切割植物,但并不擅长研磨,而它们也没有像鹦鹉嘴龙那样在体内保存有像胃石这样的证据,所以关于它们的取食仍然知之甚少。

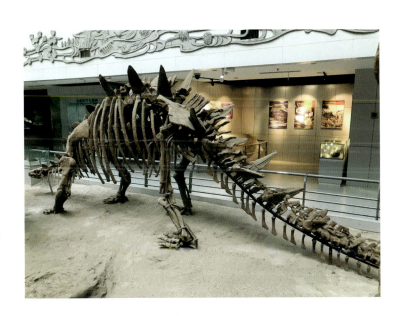

沱江龙化石骨架

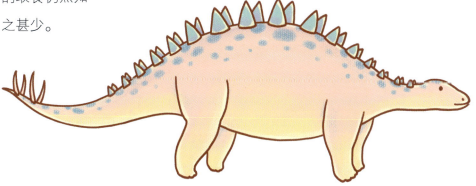

沱江龙复原图

4 恐龙的繁殖

恐龙是卵生爬行动物,他们在靠近水源的滨岸地带产蛋。中国恐龙蛋化石丰富,在16个省、自治区都有发现,其中最著名的产地是湖北省郧县和河南省西峡县,均已被列为国家级自然保护区。1993年,在河南西峡县发现的恐龙蛋化石群分布面积达40平方千米,埋藏数量达数万枚。其分布之广、数量之大、种类之多,原始状态保存之完好,均为世界所罕见。

产于河南西峡县的恐龙蛋化石

产于湖北郧县的恐龙蛋化石

那么恐龙蛋为什么能够保存下来呢？一般来说恐龙蛋比骨骼化石更难保存。因为恐龙蛋内部的卵黄和蛋白在石化的过程中都被置换掉了，只有钙质的蛋壳才有可能保存成化石，但一般情况下蛋壳也比较脆弱。不过在白垩纪晚期却保存了大量的恐龙蛋化石，在我国尤其丰富，研究人员推测可能是由于当时炎热干旱的气候对恐龙蛋化石的保存比较有利。

1. 产蛋方式

窃蛋龙的长形恐龙蛋化石

不同类型的恐龙，产蛋方式不同，蛋在窝内的排列方式也不同。一般认为长形蛋属于窃蛋龙类的蛋，最大的可以有40厘米长。它们下蛋的方式也很特别：先找好合适的地方，通过转圈的方式产蛋，蛋很有规律的围成一圈，而且往往堆成2~3层。保存好的长形蛋化石还可以看到两两一组的排列方式，因此研究人员认为它们具有特殊的双输卵管。

产圆形蛋的恐龙，在产蛋前先在选择好的地点挖出一些蛋窝，然后把蛋产在窝内，产完蛋后扒一些泥沙掩埋上。此种方式下的蛋，在窝内的排列无一定规律或两两比较靠近。其实最常见的恐龙蛋类型还是圆形蛋。大的圆形蛋直径也有20厘米。圆形蛋一般被认为是植食性恐龙的蛋，比如蜥脚目恐龙和鸭嘴龙类。但除非发现胚胎化石，否则很难确定具体是哪类恐龙的蛋。在我国河南省西峡县、湖北省郧县和江西、广东等地都发现大规模的圆形蛋化石，数以万计。特别是湖北省郧县的恐龙蛋化石非常集中，一窝多达四五十个。如此看来，恐龙喜欢到一个地方集中产蛋。

兽脚类恐龙中的伤齿龙是一类体型较小的身体灵活的恐龙。它们具有自己独特的产蛋方式。它们的蛋一般比窃蛋龙的蛋小一些，比较细长。产蛋的时候都是蛋的尖头竖着扎到沙堆里面，因为蛋壳较薄，这种特殊的产蛋方式可以避免蛋壳被破坏。看来恐龙妈妈为了保护它们的幼崽"费尽心思"，在产蛋方面各有各的策略。

2. 恐龙孵蛋吗？

有一个非常奇怪的现象，那就是在发现恐龙骨架化石的

产于江西的伤齿龙蛋化石

地方往往没有恐龙蛋化石,有恐龙蛋化石的地方往往没有恐龙骨架化石,也就是说,恐龙骨架化石和恐龙蛋化石很少能在同一个区域保存。这又是为什么呢?原因可能是恐龙会在特定的时节去一个特定的地方集中产蛋,而且大部分恐龙没有孵蛋的行为。但是窃蛋龙除外,目前发现多个窃蛋龙孵蛋的证据。

3. 千古奇冤——窃蛋龙的故事

早在19世纪中期,人们就在法国南部发现了疑似恐龙蛋化石,但是恐龙蛋化石真正引起关注是在20世纪初。美国自然历史博物馆组织的"中亚考察团"在蒙古发现了大量保存完整的长形恐龙蛋化石。由于当时在蛋化石的周围没有发现恐龙化石,因此无法推测这些蛋是哪类恐龙所产下的。根据当时该地区挖掘出大量的原角龙化石,科学家便推测这些蛋就是原角龙的蛋。不幸的是,在这些蛋旁边有一副残缺的骨架,显然不属于原角龙。

窃蛋龙正在孵蛋时突发灾难死亡保存下来的化石证据

于是当时的研究者认为这个恐龙可能是喜欢偷蛋的恐龙,因而取名叫"窃蛋龙"。

20世纪90年代,人们发现了窃蛋龙的胚胎化石,证明长形蛋应该属于窃蛋龙自己的,这才真相

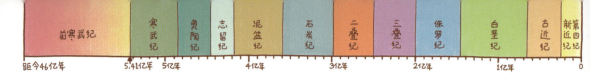

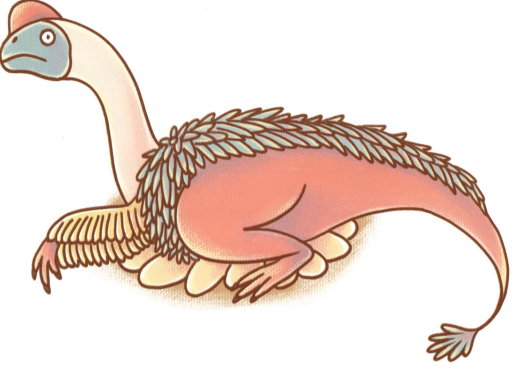

窃蛋龙孵蛋复原图

大白。原来窃蛋龙并不偷窃其他恐龙的蛋,反而它还有孵蛋的习性。但是,根据国际古生物命名法则,物种一旦命名就不允许修改。所以,即使它是一只不偷不抢、还爱孵蛋的"好"恐龙,窃蛋龙的名字也只能流传至今,这可以称得上是"千古奇冤"了!

窃蛋龙生活在白垩纪晚期,身长约两米,大小如鸵鸟,长有尖爪,长尾。推测其运动能力很强,行动敏捷,可以像袋鼠一样用坚韧的尾巴保持身体的平衡,跑起来速度很快。

奇特的恐龙和恐龙蛋类型让我们目不暇接,赞叹大自然造物的神奇。虽然它们已经灭绝,不过它们的身影已经融入了现代人类生活的点滴当中。仰望星空,仿佛听到那一声声远古的呼唤,将带领我们一步步见证大自然的奇迹,解开一个又一个尘封亿年的谜团。

第 8 篇

中生代海洋霸主

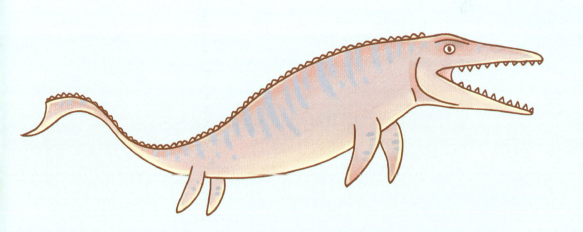

中生代(Mesozoic)是显生宙的三个时代之一,包括三叠纪(Triassic)、侏罗纪(Jurassic)和白垩纪(Cretaceous),距今约252百万～66百万年。系列电影《侏罗纪公园》向我们呈现了这段时期多姿多彩的陆地生态系统以及当之无愧的陆地霸主——恐龙。那么这一时期的海洋生物世界又是怎样的呢?海洋中的霸主又是谁呢?我们可以从化石记录中找到这些问题的答案。

化石证据表明,古生代末期的生物大灭绝事件使得约96%的海洋物种发生灭绝。这期间,一部分陆生爬行动物又重新回到海洋里生活,演化成海生爬行动物。到中生代时期,复苏后的海洋生物又是一番全新的面貌:在海洋底层全是双壳贝类和甲壳类动物,海洋里穿梭着种类繁多的菊石、软骨鱼和硬骨鱼,还有重返海洋的爬行动物鱼龙、海龙、蛇颈龙等,这些体型庞大的掠食者在中生代时期相继亮相,上演着海洋霸主三部曲。

1 第一代霸主——鱼龙

鱼龙是一种海生爬行类动物，形态很像现代的海豚，但比海豚大得多，最大可以达到十几米长，堪称中生代海洋中的"恐龙"，是当之无愧的海洋霸主之一。它们具有尖尖的嘴巴，大大的眼睛，嘴上长有尖利的小牙，可以一口咬住那些滑溜溜的鱼。鱼龙可是游泳的能手！它们的四肢演化为像鱼鳍一样的结构，头部呈流线型，能更好地帮助它们在海洋中遨游。

鱼龙最早出现于距今约 2.5 亿年前的早三叠世时期，比恐龙还要早数百万年。古生物学家们认为，鱼龙可能由一种陆地爬行动物重返海洋逐渐演化而来，但是由于还没有发现明显的化石证据，关于它们的祖先是谁至今仍然是未解之谜。鱼龙主要繁盛

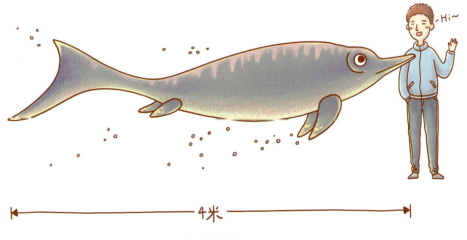

鱼龙复原图

在三叠纪和侏罗纪，在侏罗纪其统治地位逐渐被蛇颈龙取代，在白垩纪晚期就消失得无影无踪了。

梁氏关岭鱼龙（*Guanlingsaurus liangae*）

梁氏关岭鱼龙产于贵州关岭地区，生活在距今约 2.3 亿年的三叠纪晚期。体长 4 米以上，其成年个体体长可以达到 10 米。头骨呈三角形，吻短，缺乏牙齿，颈较长，四肢演化成鳍状肢，鳍肢窄长，尾巴长。因缺乏牙齿这一特征，关岭鱼龙被认为是通过吸食的方式进行捕食。

梁氏关岭鱼龙化石

2　第二代霸主——蛇颈龙

蛇颈龙也是中生代海洋中的顶级捕食者之一，是一类已经灭绝的蜥鳍类海洋爬行动物。蛇颈龙的身体大多非常庞大，长 11～15 米，个别种类可达 18 米。蛇颈龙有着像蛇一样长长的脖子，也因此而得名。别看它脖子纤长优美,它的身体却长得像乌龟,尾巴短,四肢特化成两对大且长的肉质鳍脚,善于游泳。

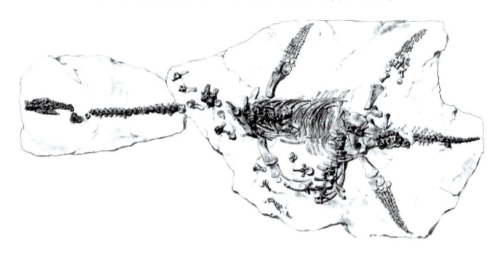

蛇颈龙化石标本素描图(Conybeare,1824)

蛇颈龙复原图

1823 年,英国的一位古生物学家在英国多塞特地区早侏罗世地层中发现第一具完整的蛇颈龙骨架。之后又陆续在该地区发现更多化石标本。截至目前,已经发现有 25 种蛇颈龙,分布在英国、法国、墨西哥、德国、美国等国家。

蛇颈龙在海洋中主要以鱼、箭石和其他游泳动物作为食物。此外，在化石中竟发现蛇颈龙肠胃中残留着蛤蜊、螃蟹和其他海底贝类动物，这证明蛇颈龙的食谱要更为广泛，不仅仅局限于鱼类，不挑食可能是蛇颈龙能够取代鱼龙霸主之位的原因之一。在追逐猎物的过程中，其长长的脖子可以灵活转换方向，控制身体移动。与现代爬行动物的产卵方式相同，蛇颈龙也是卵胎生，也就是卵在体内孵化之后再从母体中产出。

蛇颈龙从三叠纪晚期开始出现，到侏罗纪遍布世界各地，最终在白垩纪末期全部灭绝。在白垩纪，蛇颈龙渐渐退出海洋霸主的位置，而体积庞大、更为凶猛的沧龙成为了海洋中强大的掠食者。

3 第三代霸主——沧龙

在距今约 7000 万～6600 万年前的白垩纪晚期，海洋中生活着一种非常凶猛的肉食性爬行动物——沧龙。沧龙在地球历史时期虽然只存在了较为短暂的时间，但是它们巨大的体型、庞大的头部、强壮的颚颌以及尖锐锋利的牙齿足以捍卫其在中生代海洋中顶级掠食者的地位。目前发现的最大的沧龙叫做霍夫曼沧龙（*Mosasaurus hoffmanni*），体长近 17 米，体重可能超过 20 吨。沧龙头部十分发达、粗壮，下颌骨与头足之间紧密连接，它们的眼睛相当大，身体呈长桶状，四肢已演化成鳍状肢，前肢大于后肢，粗短而有力的鳍肢使它们可以在水中迅速改变方向，敏捷度大大增加。沧龙的牙齿不仅尖锐，而且呈倒钩状弯曲，双颚在咬合的同时产生巨大扭力可将猎物拦腰咬断。另外其上颚内部还有一圈内齿用于拖拽食物。科学家推测，沧龙应该是将猎物咬断或撕裂为适当尺寸后再吞下，其进食方式有点像科莫多巨蜥,只是更加血腥残忍。

沧龙化石最早于 1764 年在荷兰被人们发现。1790 年荷兰的一位科学家对沧龙进行了正式报道,并认为这是一种具有牙齿的鲸鱼,而另有一些人认为它是一种鳄鱼。之后争议不断,一直持续到 1822 年,英国古生物学家将其正式命名为沧龙属。目前已经发现的沧龙有 5 个种类。让人吃惊的是,这种庞大的凶猛捕食者是由陆地上一种小型蜥蜴(崖蜥)演化而来。古生物学家推断沧龙仅在浅海或者海水表层活动,通常以鱼类、乌龟、菊石、小沧龙、蛇颈龙等为食。它们可以潜水,但是下潜深度有限,不能到深海区活动,因为它们需要经常浮出水面呼吸换气。

沧龙头骨化石(Street 等,2017)

沧龙骨架模型

沧龙复原图

4 海生爬行动物繁荣大家庭

海生爬行动物"大家庭"除了这几代霸主外,还包括众多的中小型爬行动物,如贵州龙、安顺龙、湖北鳄、甲龟龙、满洲龟等。

1. 胡氏贵州龙
(*Keichousaurus hui*)

胡氏贵州龙是鳍龙类的一种,它是中国发现的最早的,

胡氏贵州龙化石

同时也是第一个被命名的海生爬行动物化石。这类生活于2.4亿~2.3亿年前的动物遗骨,有着细长苗条的身材,小小的骨头上有一对大的眼孔和一排尖锐的牙齿,长长的颈部优雅地甩向一边,精巧的四肢自然地贴在身体两侧。虽然它们已经被永久封存于石头中,我们仍可想象出2亿年前胡氏贵州龙在水中畅游时的优雅姿态。

令人感叹的是,曾有两块珍贵的贵州龙化石记录了 2.3 亿年前悲壮的一幕,这两个骨架内保存有胚胎化石,由于胚胎在母体中的体位异常(头朝向后方),科学家们推断这两位母亲因难产而死,随后被海底沉积物迅速掩埋,经过亿万年沧海桑田的地质变迁后形成了今天的化石,为人们揭开了鳍龙类生殖方式的秘密。

2. 黄果树安顺龙(*Anshunsaurus huangguoshuensis*)

黄果树安顺龙是我国第一个命名的海龙,产于我国贵州关岭地区,生活在距今约 2.37 亿～2.27 亿年。除黄果树安顺龙之外,安顺龙还有另外两个种,分别是乌沙安顺龙(*Anshunsaurus wushaensis*)和黄泥河安顺龙(*Anshunsaurus huangnihensis*)。这三种动物仅产于我国贵州,与鱼龙有一定的亲缘关系。

黄果树安顺龙外形看起来像蜥蜴,体长可以达到 3 米。吻部细长,占了头骨的一半。牙齿尖锐,主要捕食一些中小型的鱼类。尾巴特别长,超过身体长度的一半。由于它们四肢相对身体较小,在水中主要依靠尾巴的推动来游泳。安顺龙也许能够在陆地上漫步,但是不会离开水面太远。

黄果树安顺龙化石

3. 南漳湖北鳄（*Hupehsuchus nanchangensis*）

南漳湖北鳄为小型爬行动物，生活于 2.4 亿年前的三叠纪早期，与鱼龙有较近的亲缘关系。南漳湖北鳄的身体像鱼类一样为侧扁的纺锤形，长不到 1 米，所有湖北鳄的化石标本往往是侧向保存的。头骨细长，吻部扁平，没有牙齿，四肢呈鳍足状，但仍保留了陆生祖先的一些特征。

南漳湖北鳄化石

4. 多板砾甲龟龙（*Psephochelys polyosteoderma*）

多板砾甲龟龙是楯齿龙类的一种，生活在距今约 2.3 亿年的三叠纪晚期。外形与龟类相似，脖子短，身体圆而扁，背甲厚重。四肢短而粗，没有明显的适应于水生生活的特征。其游泳能力一般，除了在岸上休息，就只能在近岸的浅水里捕食附着在岩石上的具甲壳的动物。

5. 爬行动物为什么重返海洋？

脊椎动物是经过了漫长的 1 亿多年的时间，才成功登陆的。既然是来之不易

多板砾甲龟龙化石

的演化,为什么又要回去呢?对于这个问题,研究人员是这么解释的:登陆后不久,爬行动物大家族不断壮大,异常繁盛,迫于生存压力,为了避免与恐龙之间残酷的竞争,一部分爬行动物选择重返海洋,逃离陆地上的纷争。

可能会有人提出疑问,从海洋到陆地的演化,又从陆地到海洋的演化,难道生命进化是可逆的吗?回答当然是否定的!虽然它们重新回到海洋生活,但是它们的肺并没有变回鳃,仍然是用肺进行呼吸。它们的四肢和尾巴演变成桡足状的运动器官,在水中划动推动身体前进。它们的大部分成员已不再返回陆地上寻找产卵地,它们的羊膜卵在体内孵化,直接产出幼崽。

显而易见,中生代时期海洋里的这些大型爬行动物无疑是当时的海洋霸主。它们似乎突然之间就出现了,然后迅速繁盛。人们甚至至今也不知它们的祖先是谁,但是它们也和恐龙一样,隆重登场后又悄无声息地退出了历史舞台,在整个生命进化史中留下了浓墨重彩的一笔。

5 称霸无脊椎动物界的菊石

在中生代的海洋无脊椎动物中,最为繁盛的莫过于软体动物菊石了。因此,中生代又被称为菊石时代。菊石的大小有着较大的差异,小到5毫米,大至2米。在无脊椎动物中,菊石称得上是顶级捕食者,据科学家推测,它们以节肢动物、甲壳类和小鱼等为食。但面对中生代海洋中的鱼龙、蛇颈龙、海龙等庞然大物,菊石也难免会成为它们的盘中餐。

菊石与现今的鹦鹉螺、乌贼、鱿鱼等是近亲。菊石具有坚硬的钙质外壳,壳形以旋卷型占多数,形状像盘子,两面对称。壳内发育由隔板密封起来的住室和气室,住室是软体部分居住的地方,而气室的功能与潜水艇相似,通过调节其中的气液平衡来实现在水体中上下移动。

白垩纪中期的克利奥尼菊石化石　　白垩纪晚期的康氏盘舟菊石化石

菊石起源于泥盆纪早期,到中生代最为繁盛,到白垩纪末期全部灭绝。因其形态多样,地层记录丰富而且遍布全球,常作为标准化石来进行地层对比,确定地层的时代。此外,菊石还是研究生物演化的一个重要载体。"将今论古,以古示今",对菊石的分类学多样性、形态学多样性以及地理分布演化等进行研究,可以揭示地质历史时期生物演化规律,为现今生物圈面临的各种生态问题提供科学指导。

6 摇曳多姿的"百合花"

海百合生活于海里,身体看起来像花,被称为海里的"百合花",但它不是植物,而是棘皮动物大家族中的一员。在几亿年前,海洋里到处都是它们的身影。海百合最早出现于 4.8 亿年前的奥

海百合冠部化石

海百合茎化石

距今 2.3 亿年的关岭创孔海百合化石

中生代海洋生态复原图

陶纪时期,在古生代最为繁盛,并延续至今,在现代海洋中尚存600余种。它们喜欢群居,其根部固着在海底,在浅水区或深水区都可以生存,尤其喜欢生活在400～500米的清洁水域中。

一个完整的海百合由根、茎和冠三个部分组成。冠大小可达30厘米,构成冠部的萼和腕,如同美丽花朵的花萼与花瓣一样,是海百合的主体部分。其冠部很难保存为化石,因其茎干又细又长,在地层中保存最多的往往是被海水打散的海百合茎部。要想发现保存完整的海百合化石,那是万分不易的!完整的海百合化石,像一副美丽的壁画,可以称得上是天然艺术品。花朵越大,收藏价值越高。

第 9 篇

白垩纪公园——热河生物群

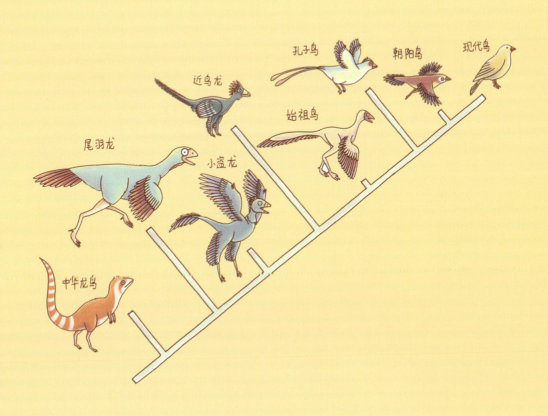

| 前寒武纪 | 寒武纪 | 奥陶纪 | 志留纪 | 泥盆纪 | 石炭纪 | 二叠纪 | 三叠纪 | 侏罗纪 | 白垩纪 | 古近纪 | 新近纪 | 第四纪 |

距今46亿年　　　5.41亿年 5亿年　　　4亿年　　　3亿年　　　2亿年　　　1亿年　　0

距今约 1.35 亿年前，在亚洲东部地区存在着一个隐秘的王国：晨曦中两只长嘴巴的翼龙从天际缓缓地滑过，越过静谧的丛林，轻柔的振翅声唤醒了在树梢上沉睡的鸟儿们，苏醒的鸟儿们一边梳理着凌乱的羽毛，一边快乐地歌唱。清脆的歌声唤醒了庞大的锦州龙，它们在湖边的空地上徐徐漫步，开始了一天的旅途。小巧灵活的热河龙披着淡淡的毛发向着森林飞奔，流线型的身姿在林中忽隐忽现。阳光穿过高大的树林洒向树下的植物，娇嫩的花朵从叶下探出头来享受阳光的温暖。大大小小的昆虫纷纷飞起，开始一天忙碌的生活。阳光也温暖了湖水，成群的鱼儿在水中嬉戏打闹，不时在水面荡起一圈又一圈涟漪……

热河生物群生态复原图

| 前寒武纪 | 寒武纪 | 奥陶纪 | 志留纪 | 泥盆纪 | 石炭纪 | 二叠纪 | 三叠纪 | 侏罗纪 | 白垩纪 | 古近纪 | 新近纪 第四纪 |

距今46亿年　5.41亿年　5亿年　　4亿年　　3亿年　　2亿年　　1亿年　　0

这就是生活在距今1.35亿～1.12亿年前的白垩纪早期的一个古老生物群——热河生物群，其分布范围包括了现今中国东北部、俄罗斯、蒙古等地，以中国辽西义县等地最为丰富。

这些活灵活现的场景是如何被人类探知的呢？是化石告诉了我们！

当时频繁的火山喷发导致大量的生物集群死亡，其中有一些生物落入水中迅速被火山灰掩埋沉积，最终保存成为化石。这些化石是最精美、最生动的语言，描绘着白垩纪早期的各种大大小小的事件，为我们今天的科学研究提供了极为珍贵的物证。目前发现的热河生物群有恐龙、鸟类、哺乳类、鱼类、植物等16个化石门类上千个化石属种，其中包括了一些世界上最珍稀的鸟类化石和植物化石。在热河生物群中，许多现代生物类群都已经出现。比如被子植物，鱼类中的舌齿鱼类、鲟类、弓鳍鱼类，两栖类中的蛙类和蝾螈类，鸟类中的今鸟亚纲，哺乳动物中的原始真兽类等，都有留存至今的现代生物代表。这一系列珍贵而保存精美的古生物化石的不断发现，震惊了世界，引起了国际古生物界的广泛关注。因此，热河生物群被誉为研究生命演化的世界级化石宝库。

科学家们指出，辽西的古生物化石"解决了生物演化问题的世界悬案，在鸟类的起源、被子植物的起源、现代哺乳动物的起源、昆虫与开花植物协同演化方面，无疑是窥视大自然奥秘的一扇天窗"。美国著名古鸟类专家、耶鲁大学教授奥斯特隆考察过辽西化石产地后，称赞说："这些沉积物和这些化石不仅是中国的财富，也是世界的财富。"

1 带羽毛的恐龙

你知道恐龙也会长羽毛吗？辽西白垩纪的恐龙公园是世界上唯一一个拥有带羽毛恐龙的地方。让我们记住这些恐龙的名字：中华龙鸟、尾羽龙、小盗龙、北票龙、原始祖鸟、中国鸟龙、天宇龙。

那么，恐龙为什么要长羽毛呢？有人说是为了保温，也有人说是为了装扮自己，吸引异性。如果真是如此，那么这些恐龙一定是把自己装扮得跟鸟儿一样漂亮。看着鸟儿在树梢悠闲的情景，小盗龙也忍不住爬上了枝头，享受着在地面上不曾体验过的另外一种生活。

1. 中华龙鸟（*Sinosauropteryx*）

中华龙鸟的名字听上去像是一种鸟类，但它却是十足的恐龙。研究证明，中华龙鸟与在欧洲发现的一种小型兽脚类恐龙——美颌龙十分类似，故将它们归为一类。中华龙鸟属于蜥臀类，兽脚亚目，美颌龙科下的一个属。它的身体全长不超过1米，头很大，牙齿粗壮而锋利，爪钩锐利，前肢短，后肢长而粗壮，尾巴出奇的长，几乎是躯干长度的两倍，尾椎数目多达64枚。中华龙鸟是森林中的一种小型

原始中华龙鸟化石
（拍摄于中国地质博物馆）

肉食性恐龙，它拥有锐利的爪钩和强而有力的后肢，擅长奔跑，善于捕食，主要的食物为蜥蜴和小型哺乳动物。

在它的头部、颈部、背部和尾部都发育有较短的羽毛，这种粗糙的羽毛为丝状，目前大多数科学家认为这种丝状结构的羽毛属于原始羽毛，而它的作用根本不是用来飞行的，而是用来保温。在湿冷的环境中，这些粗糙的丝状羽毛可以帮助中华龙鸟保持体温。

从形态上看，中华龙鸟尚处在向鸟类演化的一个相对原始的进化水平，与鸟类差别还很大，但在它的背部从头到尾披着细丝状的原始羽毛，为解开鸟类起源之谜提供了重要信息，中华龙鸟也因此而闻名于世。

原始中华龙鸟复原图

2. 尾羽龙（*Caudipteryx*）

尾羽龙是一种小型兽脚类恐龙，大小与孔雀差不多，尾巴顶端长着一束扇形排列的羽毛，故取名尾羽龙。在它的前肢上也长着一排羽毛，具有明显的羽轴，也发育有羽片，总体形态和现代羽毛很相似。

尾羽龙的头又短又高，仅在吻部的最前端发育有几颗形态奇特的向前方伸展的牙齿，前肢非常短，尾巴也很短，脖子却很长。后肢修长，说明它具有很强的奔跑能力。在尾羽龙化石的胃部，还保留着一堆小石子，用于磨碎食物帮助消化，这在植食性恐龙中较为常见，但是大部分兽脚类恐龙都是肉食性的，因此科学家推断其可能是杂食性动物。

赵氏小盗龙化石

3. 小盗龙（*Microraptor*）

小盗龙是一种长着羽毛的小型肉食性恐龙，体长不足40厘米，属于蜥臀类，兽脚亚目，驰龙科。它最典型的特征是前肢和后肢都发育有不对称的飞羽羽毛，因此也被称为"四翼恐龙"或"会飞的恐龙"。它的头部、颈部和躯干上长有绒状羽毛。前肢长有类似于现代鸟类的飞羽，外侧的飞羽羽片呈不对称状，而内侧的飞羽羽片对称。后肢上的羽毛很长，也呈不对称状。尾部羽毛十分长，呈扇形排列。

顾氏小盗龙化石（徐星等，2003）

与中华龙鸟不同,小盗龙的羽毛不仅用于保暖还用于飞行。据科学家推测,顾氏小盗龙已经具备一定的滑翔能力(可以从树梢向下滑行),为早期提出的"树栖假说"(即鸟类的祖先栖息在树上,能借助于羽毛从树上滑翔下来,逐渐进化出了主动飞行的能力)提供了直接的化石证据。

在一些小盗龙化石的腹腔部位发现了其他鱼类、鸟类、哺乳类动物的骨骼碎片,这表明小盗龙不仅可以捕食比自己体形小的鸟类和哺乳类动物,还可以捕捉湖里的鱼类,也许正是因为这种多样的捕食能力才为小盗龙在激烈的竞争中赢得一席之地。

顾氏小盗龙复原图

2 恐龙的后代——鸟类

曾有一段时间,人们都认为始祖鸟是鸟类的祖先,但是后来的研究表明始祖鸟是一种小型兽脚类恐龙,属于恐龙向鸟类进化的过渡类型。在辽西发

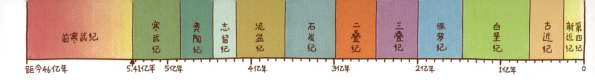

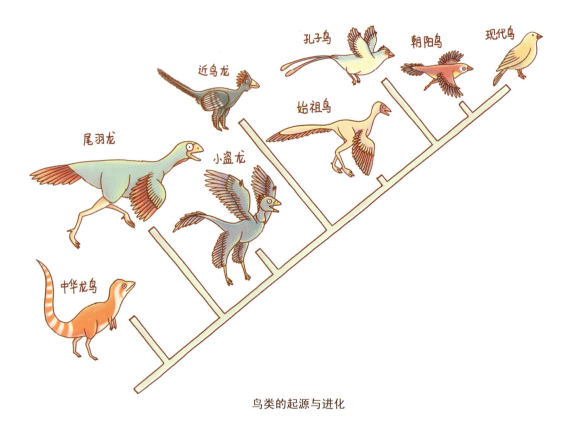

鸟类的起源与进化

现的多种带羽毛的恐龙化石和早期鸟类化石告诉我们，现今的鸟类竟然起源于恐龙！这些带羽毛恐龙的发现使得更多的科学家相信，一些小型的兽脚类恐龙是恒温动物，鸟类则是从这些恒温的小型兽脚类恐龙当中的某一种演化而来的。

不断发现的原始鸟类化石（距今1亿多年前）表明，在鸟类演化的初期，它们是有牙齿的，在其后漫长的演化历史中，它们失去了牙齿和厚重的上、下颌骨，取而代之的是轻质的角质喙。伴随着这样的形态结构变化，鸟类还演化出了特别的消化系统。

1. 孔子鸟（*Confuciusornis*）

孔子鸟生活在距今约1.25亿~1.1亿年的白垩纪早期，是目前已知的最早拥有无齿角质喙的鸟类。孔子鸟的大小与鸡相近，

圣贤孔子鸟化石　　　　　　杜氏孔子鸟化石

上下颌没有牙齿,有一个发育的角质喙。它的脊椎骨退化,胸骨发育,尾巴很短。从进化的角度来看,孔子鸟的形态特征比始祖鸟显得先进,生活时代也应该比始祖鸟晚。研究人员认为孔子鸟可能是一种植食性动物,但至今仍然没能在其胃里找到证据。

大量的孔子鸟骨骼化石是在辽宁省四合屯地区的湖泊沉积物中发现的,这可以推断出孔子鸟喜欢在湖边生活。为什么有大量孔子鸟化石保存在一起呢?科学家们为我们描述了这样一个场景:

孔子鸟复原图

当时这附近发生了一次火山爆发事件,生活在湖边的一群孔子鸟同时遇难,它们的遗体被雨水从岸上冲进了湖里,经过地质作用变成了集中保存的化石。这些化石也告诉我们,孔子鸟和很多近现代鸟类一样,过的是群居生活,至少会有一段时间集中在一起。

2. 朝阳鸟(*Chaoyangia*)

朝阳鸟属于今鸟亚纲,被认为是现代鸟类的直接祖先。朝阳鸟的**模式标本**保存得并不完整,缺失头骨、前肢和后肢下部。该鸟的一个主要特征是在胸廓中发现了钩突结构,这在我国中生代鸟类化石中是

北山朝阳鸟化石

> **小知识点**
>
> 【模式标本】最先命名的标本,其他同名标本都是参照它的鉴定特征来定名的。

首次发现。朝阳鸟颈椎间的关节连接紧密,类似于始祖鸟和孔子鸟。胸椎椎体明显加长,神经脊也明显增高,但彼此并不愈合,所以虽然朝阳鸟属于今鸟类,但仍然保留了许多原始性状。

北山朝阳鸟复原图

3 白垩纪的大鱼池

在热河生物群中,鱼类是研究最早、数量最为丰富的脊椎动物。其中,有一种叫做狼鳍鱼,其研究历史最久,最有名气,被鱼类学家认为是现存的舌齿鱼类的远古祖先。还有一些比狼鳍鱼还要原始的鲟形鱼类，它们是今天在长江里生活的珍稀动物中华鲟和白鲟的祖先。化石证据告诉我们，这些古老的鲟鱼从1亿多年前便开始出现，到了今天就可以称得上是珍贵的活化石了。

1. 中华狼鳍鱼（*Lycoptera sinensis*）

中华狼鳍鱼是热河生物群中一种常见的淡水鱼，属于硬骨鱼纲，狼鳍鱼目，狼鳍鱼科下的一个种。和我们看到的大多数鱼类一样，狼鳍鱼是硬骨鱼类，已经具有硬化骨骼。中华狼鳍鱼的体形小，体态呈纺锤形，多为10厘米左右。头部很大，眼睛大，喙端圆钝，口缘上有大的锥形齿，上颌骨口缘平直。头长、头高和体高三者近乎相等。肋骨18～21对，脊椎43～45枚，其中尾部椎体21～22枚，最末端的三个尾椎上扬。背鳍位置偏后，与臀鳍相对，其前有上神经棘。尾鳍分叉浅，分叉鳍条不多于15条。鳞片圆形。据研究，中华狼鳍鱼可能以浮游生物为食，也可以捕食小昆虫和昆虫的卵。

中华狼鳍鱼化石

热河生物群中的中华狼鳍鱼化石多为密集保存,因此科学家推测狼鳍鱼具有群游的习性。只要仔细观察,便会在这些化石中发现一个有趣的现象:绝大多数狼鳍鱼的嘴巴是张开的,鱼鳍是展开的,并且脊柱向背部弯曲呈"S"形。这是为什么呢?科学家是这样解释的:鱼儿在缺氧窒息时,便会张开嘴巴拼命呼吸,鱼鳍伸展,脊柱也发生扭曲,看起来痛苦不堪。我们看似有趣的现象,却呈现出这些鱼儿在死亡前的痛苦挣扎状态。

2. 潘氏北票鲟（*Perpiaosteus pani*）

潘氏北票鲟是我国发现的第一种鲟形鱼类化石,体型较小,一般体长不超过1米。根据保存有鱼卵的标本推测,它在体长约30厘米时达到性成熟。北票鲟不同于其他鲟形鱼类的地方,在于它有完全裸露的尾鳍上叶（没有菱形鳞片）。

鲟鱼在幼体阶段捕食浮游动物,但很快就长大并变为底栖生活。它们喜欢的食物主要有水蚯蚓、甲壳类、软体动物以及小型鱼类等。中华鲟是我国现代特有物种,也是我国的国宝。它是一种大型溯河洄游性鱼类,生活在我国东部沿海,性成熟后洄游入江河繁殖,产卵场主要分布在长江和珠江。

潘氏北票鲟化石

3. 刘氏原白鲟（*Protopsephurus liui*）

刘氏原白鲟是一种原始的鲟类，属于鲟形目，匙吻鲟科下的一种鲟鱼。刘氏原白鲟全长有 1 米以上，最小的个体长约 10 厘米。体态呈纺锤形。头部很长，略扁平，躯干和尾部侧扁，腹面扁平。吻部极为突出，前端逐渐变得细而尖，吻端稍上翘。眼部小，口部大，口缘无牙齿。背鳍在臀鳍之前，两者大小相似，腹鳍位于胸鳍与臀鳍的中部，尾鳍叉裂明显，成体的尾鳍上下叶近对称发育。身体两侧密集分布着齿状鳞片。刘氏原白鲟是目前发现的全世界最古老的匙吻鲟类。

刘氏原白鲟化石

现代的匙吻鲟是大型淡水经济鱼类，体表裸露，润泽无鳞，吻部呈汤匙状，形似鸭嘴，故又名鸭嘴鲟，主要以浮游动物为食。可以适应广泛的水温范围，原产于美国密西西比河流域，我国从 1990 年开始引进养殖，生长良好。

现代的鸭嘴鲟（图片来自网络）

 丰富多彩的昆虫世界

在热河生物群中，无脊椎动物的种类和数量比起脊椎动物要多得多。其中，比较重要的类群包括昆虫、蚌、螺、蜘蛛、介形虫、虾等。其中昆虫的种类和数量最为丰富，目前已经发现的有千余种，包括蜂类、蜻蜓、蟑、甲虫、蚊等。

● 三尾拟蜉蝣（*Ephemeropsis trisetalis*）

三尾拟蜉蝣属于较大型的昆虫，属于昆虫纲，有翅亚纲，蜉蝣目，六族蜉蝣科下的一个种。体长约60毫米，虫体呈蛹状。头

多室中国蜓化石

沼泽野蜓化石

北票丽箭蜻蜓

胡氏辽蝉化石

河北沟蠊化石

棘额角河虾化石

| 前寒武纪 | 寒武纪 | 奥陶纪 | 志留纪 | 泥盆纪 | 石炭纪 | 二叠纪 | 三叠纪 | 侏罗纪 | 白垩纪 | 古近纪 | 新近纪 第四纪 |

距今46亿年　5.41亿年　5亿年　　4亿年　　3亿年　　2亿年　　1亿年　　　0

部较大,有3对细长的足,具一对膜质翅,虫体腹节具有游泳用的鳃。尾部具有十分显著的3个细长尾须,并且生长有浓密的长毛。三尾拟蜉蝣为水生昆虫的典型代表,喜欢生活在较为清澈的水中,但游泳能力却不强,以捕食其他中小型水生昆虫为生。我们在化石中见到的往往都不是三尾拟蜉蝣的成虫,而是它们的幼虫。因为三尾拟蜉蝣一生大部分的时间都处于幼虫状态,当生长为成虫后,很快便会死亡。科学家对现代蜉蝣的观察和研究发现,蜉蝣成虫的生命极为短暂,少则仅有一两个小时,多则也只有几天。蜉蝣成年后不再进食,它们离开熟悉的水体,用自己最后的生命飞向蔚蓝的天际。"鹤寿千岁以极其游,蜉蝣朝生暮死尽其乐"说尽了蜉蝣短暂绚丽的一生。

三尾拟蜉蝣化石

5 世界上第一朵花在这里盛开

中国的白垩纪公园生长的主要是温带和亚热带的植物。当时气候温暖,茂密的森林下是大量的蕨类植物,粗大的柳杉胸径可达 2 米,高可达 50 米。已发现的植物有苔藓、蕨类、银杏、苏铁、松柏类和开花植物。其中,银杏、苏铁、松柏类尤其丰富。最值得一提的是被子植物从这一时期开始出现,于是便有了访花昆虫的发展。有了最原始的花儿,白垩纪公园才成为名副其实的公园。在白垩纪公园里,嬉戏的蜻蜓在花丛中飞舞,美丽的鸟儿在水边漫步、在树枝上唱歌,身披羽毛的恐龙在林间奔跑……

辽宁古果(*Archaefructus liaoningensis*)

辽宁古果是迄今发现最早的被子植物,被誉为世界上的第一朵花。辽宁古果形态貌似蕨类的分叉状枝条,茎干和枝条细弱,叶子细而深裂,根部十分不发育,只有几个简单的侧根,这说明辽宁古果属于一种水生植物。辽宁古

辽宁古果化石(张弥曼等,2001)及其复原图

果茎有结节、叶为互生、花与果在叶根部和茎之间；所开的花为白色、线状、六瓣；初期果实为绿色，成熟后为红色小株果。

其实，我们生活中处处都充满了被子植物的身影，我们吃的水果、大米和各种鲜艳的花朵都是被子植物。这类植物也是现今植物界最高级、最繁盛和分布最广的一个植物类群。然而被子植物的起源及早期演化，一直是古植物学领域的重大问题。辽宁古果的发现为有花植物起源于我国辽宁省提供了有力的证据，为我们打开了认识被子植物起源和演化的大门。

6 原始的哺乳动物

在热河生物群中生活着早期的哺乳动物小家族，有三尖齿兽类热河兽、有袋类中国袋兽、对齿兽类张和兽、真兽类始祖兽，还有当时最大的哺乳动物爬兽。这些哺乳动物虽然在地质历史上比鸟类等出现得早，但在白垩纪早期，它们依然十分原始。在它们的身体上组合了非兽类哺乳动物的原始性

白垩纪公园里的哺乳动物复原图

状和兽类哺乳动物的进化性状。这些哺乳动物个头都很小,最大的恐怕也不会超过 1 米长,在白垩纪公园中一点也不显眼,但它们却是包括现代哺乳动物(包括人类)在内的真兽类的祖先。和鸟类一样,它们只有到了距今 6600 万年以后的新生代,才开始真正地蓬勃发展起来。

张和兽(*Zhangheotherium*)

张和兽化石本属私人收藏,收藏者为辽宁奇石收藏家张和。1994 年张和向中国科学院古脊椎与古人类研究所捐献该化石,经研究后确认属于哺乳纲,完兽次亚纲,对齿目,张和兽科,张和兽属,以捐献者姓名命名。张和兽是目前发现的第一件对齿兽类骨架,也是唯一保存较完整骨架的对齿兽类。从化石证据来看,它具有非兽类哺乳动物的原始特征和兽类哺乳动物的进步特征。

张和兽的个体和老鼠差不多大小,从头到尾只有 26 厘米长,而尾巴的长度几乎为全长的一半。上、下颌各有 3 颗门齿、1 颗犬齿和 2 颗前臼齿,上臼齿为 5 颗,而下臼齿为 6 颗,上下臼齿都有 5 个齿尖,适合捕捉昆虫为食。目前已经在小型食肉恐龙中华龙鸟的化石种发现了被消化的张和兽,这说明张和兽是食肉恐龙捕食的对象。

张和兽化石(胡耀明等,2014)

第 **10** 篇

哺乳动物崛起

哺乳动物的出现早于鸟类，起源于似哺乳类的爬行动物，即盘龙类，由它进化出一支较先进的兽孔类，其后裔的一支叫做兽齿类，被认为是哺乳动物的祖先。兽齿类的化石最早见于中生代三叠纪的地层中，这是一类十分接近哺乳类的爬行动物，已具备了一些哺乳类的特征，其代表是发现于南非的犬颌兽，体长约2米，形态与狗相似。

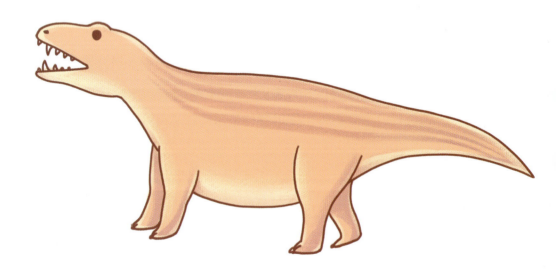

犬颌兽复原图

1 中生代的早期哺乳动物

目前发现的最早最原始的哺乳动物叫做摩尔根兽,生活在距今 2.05 亿年前的中生代时期,化石发现于欧洲的英格兰。后面所有的哺乳动物都是在摩尔根兽身体特征的基础上发展起来的。其后陆续出现了吴氏巨颅兽、中华侏罗兽、真贼兽等。

中生代的哺乳动物虽然分化成很多不同的类群,但所有这些哺乳动物都是体型非常小的动物,在整个恐龙统治大地的 1 亿多年时间内,它们一直是很不起眼的小型动物,直到中生代结束,它们的体型也没有超过兔子大小。

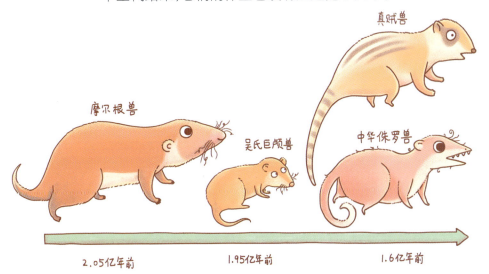

早期的哺乳动物复原图

2 揭秘哺乳动物大发展之谜

早期的哺乳动物和恐龙生活在同一片天地之间，一不留神就有可能成为肉食性恐龙的"盘中餐"。当时强大的恐龙家族统治着大陆，抑制了哺乳动物的发展。那么问题来了，是什么原因使得当时弱小的哺乳动物真正崛起，并完全取代恐龙的统治地位了呢？这可能要从两个方面来解释了。

外因：恐龙的末日迎来哺乳动物的曙光。白垩纪末期的大灾难造成恐龙的灭绝，正因为这个庞大家族的消失为哺乳动物腾出了大量的生存活动空间，造就了哺乳动物大家族的迅速繁衍和壮大。

内因：哺乳动物有很好的适应环境的能力，如身体恒温；具有乳腺，可哺育幼崽；神经系统和感官发达，能够支配行动，适应环境变化；胎生（单孔类除外），提高了后代的成活率……这些都为哺乳动物大家族的繁荣壮大提供了优势。

在白垩纪末期当环境发生重大改变时，恐龙等爬行动物难以适应和生存，而哺乳类则显示出很强的竞争能力。

3 新生代哺乳动物大家族

哺乳动物统治地球的时代被称为是新生代，开始于约6600万年前，并持续至今，是地球历史上继中生代之后，最新的一个地质年代。新生代根据哺乳动物发展阶段分为古近纪、新近纪和第四纪这三个时期。在这期间，哺乳动物大家族也经历了几代王朝。

1. 第一代王朝：古有蹄类和肉齿类

古有蹄类和肉齿类在古近纪早期繁盛，它们是由白垩纪的原始食虫爬行类进化而来。与现代的有蹄类和肉齿类差别很大，如古有蹄类与现代有蹄类相比，虽然都是吃草和树叶等食物，但古有蹄类个体较小，牙齿较原始，四肢和脚较粗，行动较笨拙，跑得不快。肉齿类也是如此。尽管先天不足，但在恐龙灭绝之后，它们的天敌减少，因而也很快繁盛起来。

2. 第二代王朝：奇蹄类和肉食类

到古近纪中期（距今约5000万年），第一代霸主大都灭绝，取而代之的是一些与现代哺乳动物接近的奇蹄类和肉食类。奇蹄类包括马、雷兽、爪兽、犀等；肉食类包括犬、熊、灵猫、鬣狗、猫等。

大唇犀

到古近纪后期,一些较原始的哺乳动物如雷兽、爪兽和犀都相继退出历史舞台,但马由于进化较快、适应性较强而存活下来,并不断发展壮大。而肉食类的变化不大。

在中新世的中国蒙古,生存着犀牛的祖先——大唇犀。大唇犀的下唇比上唇大,下颌骨粗壮并扩大成铲子状,上颚没有门

大唇犀头骨化石

齿,下颚的门齿阔大,并且向上弯。前臼齿比后臼齿小并向前递减,臼齿具粗大的前刺和反前刺,这是大唇犀牙齿的最明显特征。大唇犀整体体型与现代犀牛比较接近,体型矮壮,四肢短,前后均长有三趾;但是头部稍大,头颅骨没有角。

大唇犀属于奇蹄类动物,趾的数目为奇数,前后足起作用的趾常常只有3个,这样的结构相对有利于奔跑,在弱肉强食中躲避危险的食肉动物。但是大唇犀矮壮的体型和较短的四肢注定了它不是擅于奔跑的动物,并且三趾的结构并不是最适合奔跑运动的结构,最终演化的单趾结构更适合奔跑。大唇犀在中新世的欧亚大陆一度非常繁盛,生活在沼泽地带,以水中的植物为食。

大唇犀复原图

三趾马

三趾马生活于距今2000万年前的中新世时期，距今约70万年前灭绝，没有留下任何后代。体型比现代马小，以前后肢三趾而得名，中趾粗而着地，侧趾较小不着地。

平齿三趾马化石

在马的进化历史中，三趾马也只是一个过渡阶段，在这之后出现的真马（单趾马），具有单趾结构，更加适合奔跑，活动范围更广，在弱肉强食的自然法则之下，三趾马逐渐消失。值得一提的是，有一类三趾马在草原马阶段便停下了进化的脚步，而当时中国境内草原面积广大，生活环境相对稳定，三趾马由于自卫能力比较弱，只能依靠大量的繁衍生息来保证种群的延续，形成了短暂的兴盛。在世界其他地区三趾马相继灭绝，真马已经出现的背景下，中国境内的三趾马依然顽强地存活到了第四纪初期，但是最终还是被自然选择以及种群竞争所淘汰。

3. 第三代王朝：偶蹄类和长鼻类

到新近纪时期，偶蹄类迅速繁盛起来，包括猪、河马、骆驼、鹿、牛和羊等，其个体数量和类别都超过了奇蹄类。偶蹄类最初出现时，每个脚都有4个蹄，脚的着力点是在第3和第4个蹄上，4个蹄跑起来不快，为了更适于奔跑，第1和第2个蹄就慢慢退化了，只剩下第3和第4这两个蹄了。很多偶蹄类具有反刍的习性，那就是当他们遇到危险时把草迅速吞下，并储存在胃里，待危险过后，再将食物返回到嘴里细嚼慢咽。

141

这一时期除了偶蹄类外,长鼻类也发展迅速。象就是最典型的长鼻类,它在第二代王朝时期就已出现,当时个体小,和猪差不多大小,也没有长的鼻子和长的门齿,被叫做始祖象。到了新近纪,由于生存竞争,长有长鼻子、长门齿和庞大体型的象发展起来。有趣的是,新近纪初期竟然有三种截然不同的象几乎同时存在。一是进化的乳齿象,它的一对下门齿退化了,上门齿变得更长更粗壮,并向外、向上翘起,可以用来御敌;二是特化了的恐象,它的上门齿不发育,下门齿很长,朝下、朝内弯曲,像两把弯刀,因样子吓人而得名,其实是用来挖掘植物为食;三是特化了的铲齿象,上门齿也不发育,下门齿又长又扁,而且紧紧靠在一起,像一把大铲子,用来切割植物为食。

后两种特化的象很快相继灭绝,唯独乳齿象进一步进化,上门齿更长更粗壮,两边的大颊齿的齿冠脊更多,便于咀嚼。正是由于它越来越适应环境,在那个时期几乎遍布世界各地。

象的演化图

▰▶ 铲齿象 ◀▰

现代常见的大象,高大壮硕,长着一对巨大的象牙,大象牙通常作为大象进食的工具以及战斗的武器,而实际上象牙是大象上门齿特化的结果。那么大象的祖先们在演化过程中都有哪些有趣的特征呢?早在距今约1000万年前的中新世,在欧亚非等各个大陆上生活着一种奇怪的大象,它们下颌和下门齿伸长、增宽,像一个铁铲,因此得名"铲齿象"。我们可以看到铲齿象上门齿没有下门齿长,现在的大象鼻子一耷拉,下巴都不容易被瞧见,但是铲齿象的下颌却是伸长的。

铲齿象头骨化石

科学家们起初认为,铲齿象的"铁铲"是用来在草原沼泽中对柔软的植物进行铲、挖等动作的,它在沼泽地区优哉游哉地吃东西,就像一个水中的清道夫,但是最近的研究发现,其臼齿存在着明显的磨损,而吃柔软的水草是不会对臼齿造成如此磨损的,这意味着铲齿象的下门牙可能不是作为"铲子"来使用,而更像是被当作"镰刀"用来切割坚硬的陆生植物;并且铲齿象的运动能力也比较强,可以迁移较远的距离。铲齿象尽管在中新世分布广泛,数量众多,但在距今约400万年的上新世却全部灭绝。我们不难想象,带有"铁铲"的铲齿象,食物进入食道可能需要更多的时间,现代大象可以通过象鼻来抓取食物,但是铲齿象由于下巴过长,象鼻抓取食物的功能有限,因为低头觅食的时候,下颌直接接触到食物,象鼻的功能很可能只是将食物从"铁铲"上拨入食道。

在中国的甘肃省,古生物学家发现了大量的铲齿象化石,说明铲齿象曾经在这里繁衍生息。当时的甘肃省还被大片的森林覆盖着,后来随着全球气候变冷,亚洲内陆逐渐变得干旱少雨,森林开始萎缩,这很可能导致了铲齿象的灭绝。这一奇怪的大象,在今天我们是无缘得见其尊容了。

铲齿象复原图

4. 第四纪冰川时代的明星动物

曾有一部广受观众喜爱的电影《ICE AGE》(冰河世纪)，以第四纪冰川时代的典型动物为代表，包括尖酸刻薄的长毛象、粗野无礼的巨型树懒，以及诡计多端的剑齿虎，用拟人的故事情节将它们的生活习性展示在观众面前。

图片截自影片《冰河世纪》

■▲ 猛犸象 ▼■

猛犸象又名长毛象，是一种能够在寒冷气候条件下生存的哺乳动物。体型巨大，曾经是世界上最大的象之一，其中草原猛犸象体重可达 12 吨。身上披着红棕色、灰褐色的细密长毛，皮很厚，具有非常厚的脂肪层，最厚可达 9 厘米。无下门齿，上门齿(象牙)很长，向上、向外卷曲。

猛犸象复原图

猛犸象下颌骨化石

猛犸象起源于非洲，在晚更新世时分布于欧洲、亚洲、北美洲的北部地区，尤其是寒冷的冻原地带，它体毛长、脂肪厚，足以御寒，却不利于散热，这和生活在热带、亚热带的现代大象不同。当气候变暖，猛犸象不得不向更冷的北方迁移，活动区域缩小了，食物来源也减少了。在距今约 1 万年前，猛犸象陆续灭绝，这被视作冰川时代结束的一个标志。

猛犸象夏季以草类和豆类为食,冬季以灌木、树皮为食,以群居为主。当时的人类与其同期进化,起初彼此相处还较和平,但人类进化到了新人阶段,掌握了火的使用,学会了集体作战,便开始捕杀大型动物,猛犸象就是其中之一,剥下来的皮毛可以穿在身上御寒。人类的捕杀也有可能是造成猛犸象灭绝的原因之一。

猛犸象骨架化石

剑齿虎头骨化石(拍摄于常州博物馆)

剑齿虎

剑齿虎是大型猫科动物进化中的一个旁支,生活在第四纪冰川时期。与现代老虎差不多大小,长有一对像剑一样的犬齿,异常凶猛。前肢肌肉发达,威力无比,在捕食猎物时只靠前肢的力量就可以将猎物扑倒。能捕食体型比它大得多的犀牛、猛犸象等,是冰川时代陆地上的顶级掠食者。剑齿虎在历史的舞台上称霸了约300万年就永久地消失了。

| 前寒武纪 | 寒武纪 | 奥陶纪 | 志留纪 | 泥盆纪 | 石炭纪 | 二叠纪 | 三叠纪 | 侏罗纪 | 白垩纪 | 古近纪 | 新近纪 | 第四纪 |

距今46亿年　　　5.41亿年　5亿年　　　4亿年　　　3亿年　　　2亿年　　　1亿年　　0

剑齿虎化石骨架（拍摄于重庆自然博物馆）

5. 灵长类的诞生

距今约5500万年前，出现了最早最原始的灵长类、类人猿的祖先。灵长类与其他哺乳类的区别在于，其头较大，脑容量大，眼眶也较大，眼睛在头前方，这样可以准确判断前方物体的距离。而一般兽类，眼睛在头的两侧，便于同时看到两边的物体。此外，灵长类嘴较短，表明嘴不是用来攻击的常用武器。

灵长类是由一些小型的食虫哺乳类进化而来，其外形和老鼠差不多，如鼠鼩或娇齿兽等。这类动物后来也经常爬到树上吃果子，从而大大改变了生活习性、形态结构和生理机能，为灵长类的进化创造了条件。

到古近纪时期，它们进化为更猴类，并进一步进化为猿类。猿类一般个体较大，头和脑也较大，步行时采取半直立姿势，四肢都能抓握。

第 11 篇

从猿到人

距今约6600万年前,地球经历了一场巨大的灾难,这场灾难导致了45%的生物灭绝,包括恐龙在内,使得爬行动物的黄金时代就此结束。而在这场灾难中幸存的哺乳动物开始迅速发展和演化,成为地球生物圈的重要组成部分,其中就包括人类所属的灵长类动物。那么,人类究竟是怎样一步一步演化来的呢?人类的祖先真的是猴子吗?是什么促使了演化的发生?我们跟现在的大猩猩到底有没有亲缘关系?让我们一起从人类的起源开始,一点一点揭开人类进化的神秘面纱。

1 人类起源之谜

距今约 5500 万年前,出现了最早最原始的灵长类动物,它们具有分辨颜色的能力。人类是灵长类动物进化的最高阶段。在距今约 3300 万年前,灵长类动物中狭鼻次目演化出了猿,也就是现在被我们称为古猿的生物。目前发现的最古老的古猿是在埃及发现的距今 3000 万年以前的原上猿以及距今 2800 万~2600 万年前的埃及猿,此时的古猿已经具有类人猿的一些性状;随后在距今约 2300 万~1000 万年前出现了生活在非洲、亚洲和欧洲的森林里的森林古猿。

人类进化示意图

化石证据告诉我们，分布在世界各地的人，具有一个共同的祖先，她来自非洲。在距今约 1200 万年前，地壳运动使得东非大陆上形成一条大裂谷，也就是现在我们知道的东非大裂谷。裂谷使得非洲分为东、西两部分，两边的生物不能再互相走动，产生了地理隔离。裂谷的西边依然保持着地壳开裂之前的环境，依然为湿润茂密的树林，因此生活在这里的生物不需要为适应环境做出较大的改变。这里的古猿类基本保持原来的生活习惯，逐渐演化成了生活习惯与猿类相似的大猩猩等生物。而裂谷的东边环境发生了剧烈的变化，降雨逐渐减少，森林也因此减少并被草原所代替，使得大量的森林古猿不得不离开森林，到草原上生活。这部分猿类在距今约 420 万～100 万年前逐渐进化成南方古猿。

东非大裂谷

在距今 240 万年前，坦桑尼亚出现了可直立行走的"能人"；190 万年前，在东非出现了最早的直立人；100 万年前，非洲直立人向欧洲、亚洲扩散；70万年前，在非洲出现海德堡人（非洲直立人），在北京出现北京猿人（亚洲直立人）；50万年前在欧洲出现海德堡人（欧洲直立人）；20万年前，欧洲海德堡人演化成尼安德特人（早期智人）；10万年前，欧洲尼安德特人向非洲、亚洲扩散，并演化出晚期智人或现代人。

2 人类的直系祖先——南方古猿

1974年，科学家在东非大裂谷以东的埃塞俄比亚发现了南方古猿的化石，命名为南方古猿阿尔法亚种——"露西"，确定其为生活在距今约320万年前的第一个能直立行走的人类祖先。露西的化石保存得非常完好，发掘时遗留了近一半的骨架，这是不可思议的，一时间轰动了整个世界。随后又在东非的坦桑尼亚、肯尼亚以及埃塞俄比亚其他地区发现了几百个包括男性、女性和青少年的个体化石片段。

通过对化石的研究，我们对南方

南方古猿"露西"化石复制品
（拍摄于上海世博会非洲联合馆埃塞俄比亚展区）

南方古猿生活场景复原图

古猿的体质有了一定的了解：个头相对较小（1~1.5 米）；脑壳相对身体较小，脑容量也较少（440~530 毫升）；脸和下颌骨较大；门牙和臼齿较大，说明以草为主食；胸部形状更接近于漏斗形，适合身体呈直立姿势；手臂长而粗壮，说明有较强的攀爬能力；盆骨短而粗，使得其能直立行走；大腿与膝盖的骨干与身体呈锐角，使得其能长时间站立。

　　根据化石特征和保存环境，科学家推测南方古猿生活在热带和亚热带地区，喜欢在既有树木又有开阔草原和湿润沼泽的地区安营扎寨。能爬树，能双足站立行走，以采集植物的茎和野果为食，可能还会拾取死兽的肉为食。为了保障足够的食物来源，他们开始狩猎草原上的羚羊、野鹿、毛驴等。为了防止大型肉食动物的侵袭，他们组成一个集体，团结互助。

3 早期猿人——能人

从距今约 260 万年前开始,非洲的气候开始恶化,逐渐干旱,大面积的草原逐渐变为灌木草原,适合南方古猿生活的环境越来越少。为了生存,一些南方古猿群体开始使用防御工具如木头、石头等保护群体安全。这些南方古猿的后裔生存下来并开始繁荣,从树上栖息逐渐转变为陆地生活双脚行走。

能人生活场景复原图

在距今 240 万~170 万年间,南方古猿中的一支逐渐进化成能人,最早在非洲的东边出现。"能人"意为"能干、手巧的人",因为其化石的发现与最早的石器制造有关,是化石记录中人属的第一个成员。20 世纪 60 年代初期,科学家在坦桑尼亚奥杜威峡谷首次发现能人的化石,随后在肯尼亚和埃塞俄比亚等地也均发现能人化石。

从化石证据来看,能人的颅骨为圆形,和南方古猿相比前额较宽,脑容量也较大,接近 800 毫升;下面部比南方古猿纤细,臼齿和前臼齿尺度变小且呈退化趋势,说明其食物需要较少的咀嚼或能吃到更高质量的食物;下颌比南方古猿窄,下巴后缩且较圆;身材矮小,身高约 1~1.35 米;手臂较长,且更加强壮。

能人不仅会制作石器,还会猎取中等大小的动物,并可能会建造简陋的类似窝棚的住所,甚至可能已有初步的语言。一般认为,能人是南方古猿向直立人进化的中间环节。经过数十万年的演化,能人最终被直立人所取代。

4 晚期猿人——直立人

直立人存在于距今约 190 万~20 万年前,最早在非洲出现,开始懂得用火,开始使用符号和基本的语言,同时能使用更精致的工具。在距今约 180 万年前,直立人开始从非洲向亚洲扩散。约 100 万年前,非洲开始草原化,迫于生存压力,直立人不得不向世界各地迁徙,所以在欧洲、亚洲、非洲均有分布。

从找到的这些直立人化石来看,他们的头骨扁平,骨壁厚,眶上脊粗壮;脑容量较大,约 800~1200 毫升,大脑左、右两半球出现了不对称性,显示出直立人已经有了掌握有声语言的能力;

面部眉脊粗壮,颧骨前突,与现代人类相差较大;身高较高,1.6~1.8米。

最早的直立人化石是在东非发现的190万年前的匠人,他可能是海德堡人的直接祖先。匠人在非洲生存了50万年,约在140万年前消失,但原因不明。随后于1929年在北京周口店洞穴遗址中发现一些化石并被鉴定为北京猿人,生活时代为距今约70万~20万年前。在周口店洞穴遗址中相继发现北京人的面部片段、颌骨和肢骨。海德堡人生活在距今50万~40万年前的欧洲地区,被认为是直立人与现代人之间的过渡类型。

北京猿人生活场景复原图

他们住在山洞里,用火将肉类食物烤熟了吃,晚上睡在火边可以取暖,还可以赶走野兽。他们几十个人在一起劳动,分享食物,过着群居生活,形成早期的原始社会。

直立人是最早会用火的物种,并且它们能够按照心里所想的某种模式来制造石器。在非洲,这种石器组合所代表的文化类型被称为阿舍利文化,其代表工具为手斧,是由燧石结核打制而成,一端圆钝,是用手抓握的部分,另一端尖利,可用来切割、砍砸和钻孔。

海德堡人生活场景复原图

他们能用语言简单交流,有群体合作互动。身材高大而强健,能用矛和弓箭,合作猎杀大型动物

5 早期智人
——尼安德特人

在距今约 20 万年前,欧洲、亚洲、非洲的直立人逐渐消失,开始被智人取代。最早的智人起源于欧洲的海德堡人,被称为尼安德特人。随后向亚洲扩散,逐渐演化出中国的山西丁村人、辽宁金牛山人、陕西大荔人、湖北长阳人、广东马坝人、山西许家窑人等早期智人。早期智人可以制造出更高级的工具,表现出更为先进的行为。

尼安德特人生活场景复原图
他们能够制造和使用复合工具,具有狩猎能力和丧葬等习俗

早期智人的化石保存相对较多且完整,从化石记录来看,早期智人的头骨较大,脑容量约 1200~1500 毫升;颅顶较长,前额稍低;鼻孔较大,鼻子前突;门牙比现代人宽大但臼齿较现代人窄;上半身锁骨很长,胸腔大且深;手臂强壮,前臂与上臂的长度比值低于现代人,手指短而粗,肩胛骨宽,说明上臂健壮而有力;下半身较现代人短,但膝关节较大,可以适应剧烈的活动;脚掌宽大,可以支撑身体在不平坦的地面上长时间行走。总体来看骨架与现代人的骨架相似。

从同一时期保存的石器来看,早期智人已经熟练掌握了各种石器的制作及应用技巧。使用的石器包括:石锥、石锤、刮刀、石斧及石核等。从保存的动物化石来看,早期智人擅长季节性狩猎,冬季常捕食驯鹿,夏季常捕食马、鹿等。从早期智人的骨头化石来看,有骨骼折断愈合的痕迹,表明当时的捕猎行为有较大的危险;从牙齿化石的牙菌斑研究发现,他们还会食用贝类等海生生物。这些都说明早期智人对环境的适应能力很强。

6 晚期智人——克罗马农人与山顶洞人

晚期智人的生存年代大约从 10 万年前,直到现代。现代人在人类分类学上属于晚期智人,是智人的一个亚种,只是因为现代人在全新世(1 万年前)进入了新石器时代,所以才单独分立出来。在晚期智人阶段,世界上三大人种基本形成,即欧洲的白种人、非洲的黑种人、亚洲的黄种人。

这时的人类进化出现了明显的加速,在形态上已非常像现代人,在文化上,已有雕刻与绘画的艺术,并出现装饰物。此时原始宗教已经产生,已进入母系社会。从化石记录来看,晚期智人的头骨很大,脑容量也很大,约 1000~1600 毫升;拥有耳朵、眼睛以及固定面部的肌肉和咀嚼器官,并能够保持平衡;门齿等牙齿较小;下巴前突;胸廓较窄,骨骼表面肌肉标志与早期智人不同;下肢纤细且长,大腿的股骨发育强壮肌肉的附着点,脚趾结实,使得其能更好地直立行走;脊柱弯曲使得身体能更好地分散体重。总的来说与现代人类的身体结构非常相似。

克罗马农人生活场景复原图

克罗马农人: 大约 10 万年前,非洲大陆上就出现了一种寿命不长(平均不超过 40 岁),智慧较高的早期人类,擅长雕刻和绘画。后来,他们走出非洲向欧洲、亚洲扩散。其中的一支叫做克罗马农人,在欧洲与尼安德特人竞争并共存了至少 6 万年之久。他们以狩猎为生,能更好地适应严寒气候,在大约 3 万年前驱逐了尼安德特人,并导致尼安德特人最终灭绝。

山顶洞人：发现于北京周口店龙骨山的山顶洞,年代为距今约 3 万年。从发掘出的人类化石来看,至少有 8 个不同个体,其中 5 个是成年人、1 个是少年、1 个是 5 岁的小孩、1 个是婴儿。根据山顶洞人的化石形态特征,推测他们的种族属于蒙古人种。他们能人工取火,靠采集、狩猎为生,还会捕鱼。会用骨针缝制衣服,懂得爱美。在他们的洞穴里还发现一些有孔的兽牙、海贝壳和磨光的石珠,可能是他们佩戴的装饰品。

山顶洞人生活场景复原图

第 12 篇

生命的奇迹——活化石

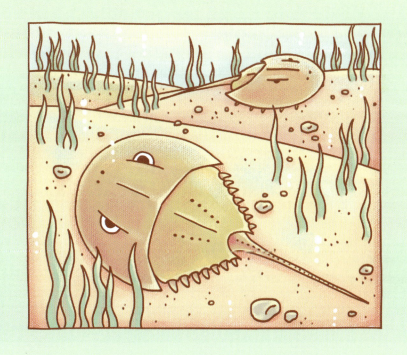

世界上有些动、植物曾经繁盛于某一地质历史时期,不仅种类多、分布广,而且还保留有大量的化石,但在某一时期后几乎绝迹,只有极少数物种能生存下来,残存于现代个别地区的这类生物,称为"活化石"。

1 海洋中的活化石
——鹦鹉螺

这是什么?是花螺?海螺?为什么还倒着游?下图中的动物叫做鹦鹉螺,属于古老的软体动物,与墨鱼和乌贼是远亲。鹦鹉螺早在距今 5 亿多年前就出现了,生活在温暖潮湿的亚热带和热带海洋深处,因为那里可以躲避它们的捕食者。鹦鹉螺在地球历史上经历了数亿年的演变,但外形、习性等变化很小,被称为海洋中的"活化石"。

现代海洋中的鹦鹉螺

鹦鹉螺化石

在生物学上，鹦鹉螺是软体动物头足纲中唯一具有真正外壳的螺。5亿年前，它曾经是海洋中最具优势的无脊椎动物，它以庞大的体型、灵敏的嗅觉和凶猛的嘴喙占据着海洋霸主的地位。而鹦鹉螺只有6个种存活至今，它们生活在南太平洋的深海里，主要以虾、螃蟹以及一些弱小的鱼类为食。在那些古老的软体动物里就只剩下鹦鹉螺这一根独苗了，它的存在已经是一种奇迹了。

1. 形态特征

鹦鹉螺已经在地球上经历了数亿年的演变，但外形、习性却没有多大变化，是现存软体动物中最古老、最低等的种类，也是研究生物进化、古生物与古气候的重要材料。最大的鹦鹉螺化石是在奥陶纪地层中发现的，长十多米。

弧形隔板将鹦鹉螺壳体分成许多"小房间"

鹦鹉螺的壳薄而轻，呈螺旋形盘卷，壳的表面呈白色或者乳白色，表面布有美丽的花纹。生长纹从壳的脐部辐射而出，平滑细密。整个螺旋形外壳光滑如圆盘状，形似鹦鹉嘴，因此而得名"鹦鹉螺"。

165

| 前寒武纪 | 寒武纪 | 奥陶纪 | 志留纪 | 泥盆纪 | 石炭纪 | 二叠纪 | 三叠纪 | 侏罗纪 | 白垩纪 | 古近纪 | 新第四纪纪 |

距今46亿年　　5.41亿年　5亿年　　　4亿年　　　3亿年　　　2亿年　　　1亿年　　　0

当第一眼看到鹦鹉螺的时候,很容易就被它美丽的花纹和独特的形态深深地吸引住。有趣的是它的壳很大,有许多弧形隔板将壳体分隔成许多"小房间",最外面的"房间"叫做住室,因为那是鹦鹉螺软体居住的地方;其余"房间"叫做气室,用来控制身体在水中浮沉前进。当它要下沉时,就用水把气体挤出来;如果要浮上来,便将水压出来,让气体再挤进去;当它要快速地逃避敌害时,就拼命把水从漏斗状的小孔中推出去,像火箭一样把自己飞快地发射出去。

2. 生活习性

鹦鹉螺是肉食性动物,食物主要是弱小的鱼类和软体动物。白天在水下,晚间浮到浅海觅食。在遇到危险时,鹦鹉螺会把用来捕食的触手缩回到住室里。它的口周围和头的两侧长有 90 只触手,其中有两只合在一起变得很肥厚,肉体缩进壳后,就用它盖住壳口以保护自己。捕食时触手全部展开,休息时触手都缩回壳里,只留 1~2 只进行警戒。

鹦鹉螺的触手

平时，鹦鹉螺伏在几百米深的海底，用触手在海底爬行，或伏在珊瑚礁及岩石上，有时也用漏斗喷水遨游于大海中。据说在暴风雨过后风平浪静的晚上，鹦鹉螺会成群结队地漂浮在海面上，被水手们称为"优雅的漂浮者"。

3. 历史功劳

大家都知道树木的树干因冬夏交替会形成年轮，可以用来计算树木的年龄。海中的鹦鹉螺因昼夜交替会形成一密一疏两条生长线，形成一个周期生长纹，代表一昼夜即一天。研究人员通过对4亿多年前的鹦鹉螺化石的生长纹进行研究推断出当时的月球绕地球一周的时间比现在短。地理学家又根据万有引力定律等物理原理，计算了那时月球和地球之间的距离，得到的结果是4亿多年前，月球到地球的距离比现在近。科学家对近3000年来有记录的月食现象进行了计算研究，结果与上述推理完全吻合，证明月球正在远离地球。由此看来，鹦鹉螺对揭示大自然演变的奥秘真是功不可没。

除了外表，鹦鹉螺的精密构造也是造物的奇迹。1801年，法国人富尔顿根据鹦鹉螺气室的功能原理，模仿鹦鹉螺排水、吸水的上浮、下沉方式成功制

白色外壳上一层一层的细密纹线就是鹦鹉螺的生长线

造出一艘军用潜艇,名为"鹦鹉螺号"。1870年出版的世界著名科幻小说《海底两万里》中也有一艘名叫"鹦鹉螺号"的潜艇,载着船长在海底进行了一场惊险刺激、长达两万里的奇幻旅行。为了纪念《海底两万里》中的鹦鹉螺号潜艇,1954年人们制造出的世界上第一艘核动力潜艇被命名为"鹦鹉螺号核潜艇"。

鹦鹉螺现有的种类不多,但化石的种类多达2500种。这些在古生代高度繁荣的种群,构成了重要的地层指标。地质学家利用这些存在于不同地质年代的化石,可以研究与之相关的生物演化、能源矿产和环境变化,为利用自然、改造自然提供科学依据。

2 植物界的活化石——银杏

秋天来临的时候,一片片扇形的黄叶像雪花一样飘落到地上,为地上的小动物们铺上一层黄色的软地毯。猜到它是谁了吧?对,

美丽的银杏树

前寒武纪	寒武纪	奥陶纪	志留纪	泥盆纪	石炭纪	二叠纪	三叠纪	侏罗纪	白垩纪	古近纪	新近纪 第四纪
距今46亿年	5.41亿年 5亿年			4亿年		3亿年		2亿年		1亿年	0

银杏叶及其化石

它就是银杏。银杏树简称银杏，又名白果树，古代又称鸭脚树或公孙树，是世界上十分珍贵的树种之一，是古代银杏类植物在地球上存活的唯一品种，因此植物学家把它看作是植物界的"活化石"。

1. 形态特征

银杏是落叶乔木，与雪松、南洋杉、金钱松一起被称为世界四大园林树木。它的树干高大通直，树皮深纵裂、粗糙；根深，寿命长达千年；叶子的形状十分奇特，像一把把小纸扇，迎风抖动，叶片上有多条平行分叉的叶脉。用银杏叶片做的书签，可以祛除蛀虫。

银杏叶（左图）、银杏花（右图）

169

银杏花雌雄异株,球花着生于短枝顶的叶腋或苞腋,雄球花为荑荑花序,雌球花具长梗,梗端常分两叉,每叉顶生一盘状珠座。

银杏果,又名白果,近圆形,外种皮肉质,成熟的银杏果呈杏黄色。银杏果对人体具有很强的滋补作用。

银杏果,又名白果

2. 银杏家族史

银杏化石记录了其家族的发展史:银杏的祖先远在 2.7 亿年前的二叠纪早期就出现了,和当时遍布世界的蕨类植物相比,它算是高等植物了。从三叠纪晚期开始蓬勃发展,到了侏罗纪、白垩纪早期进入鼎盛时期,和当时称霸地球的恐龙一样遍布世界各地。当时的银杏种类繁多,分布广泛,是森林植被的重要组成部分。早白垩世晚期,随着被子植物的迅速崛起,银杏类(裸子植物)开始衰落,分布范围也缩小,仅出现在亚热带和温带森林里。

到了第四纪冰川时期,银杏家族只在我国部分地区留下银杏科这一支独苗,并流传至今,称为稀世之宝。在现代,银杏是我国独有的植物,世界各国的银杏都是从我国引进的。

西伯利亚似银杏化石及其复原图

3 地球上唯一的蓝血动物
——鲎(hòu)

如果你在中国南海边看见一种似虾非虾，似蟹非蟹，有着蓝色血液的"丑八怪"，一定不要惊奇，它就是一种与三叶虫同样古老的节肢动物——鲎。它们头尾长约60厘米，背部拱起，腹面平整，身后拖着长剑尾，形状略似倒扣的瓢。别看它们青灰的体色在海滩泥沙间不怎么起眼，鲎已在地球上生活了4亿年之久，而形态上无多大改变，因此赢得了"活化石"的称号。

沙滩上的鲎

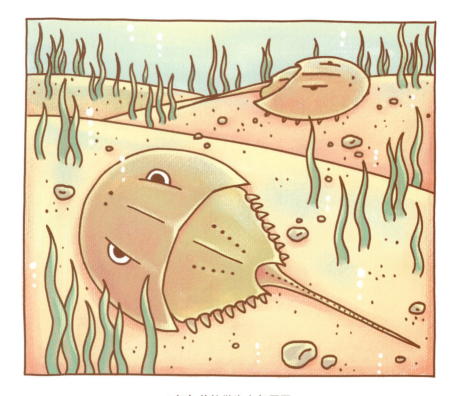

4亿年前的鲎生态复原图

1. 滩涂上的"马蹄蟹"

从背面看，鲎的身体分为头胸甲、腹甲、剑尾三部分。其中头胸甲形似马蹄，故又名为"马蹄蟹"。它们是海洋底栖节肢动物，主食贝类、昆虫、海豆芽、海葵等，喜欢沙质海底。鲎家族虽然十分古老，但其"人丁"并不兴旺，目前世界上现存仅有 4 种，包括分布在美洲大陆的美洲鲎，在亚洲的中国鲎、巨鲎（别名南方鲎）和蝎鲎（别名圆尾鲎）。

或许对鲎熟悉的人并不多，但是在我国东南沿海的滩涂上就能见到它们的身影。每年立夏至处暑是中国鲎的产卵盛期，退潮后在海滩上能捡到雌雄成对的成体鲎。其栖息地随着大陆板块的漂移与升降、大陆架水域的涨退而有很大变化。此外，1~2岁的鲎可仰漂在水面而被海浪带着走，所以鲎的分布跟海浪也有很大关联。4种鲎都分布在河口附近，其中，中国鲎和南方鲎多生活于沙地，圆尾鲎则生活于红树林的泥滩地。

2. 鲎的一生

鲎的一生需要三种栖息地，以中国鲎为例，一是临近高潮线地带的以沙砾为主的产卵场；二是泥滩，是小鲎宝宝成长的孵育场；三是海面以下深20~30米的成长区。

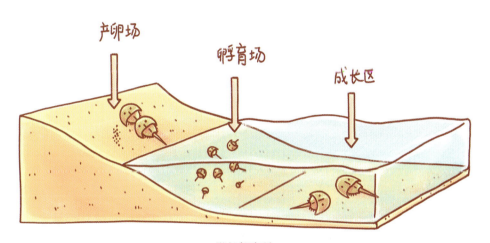

鲎的栖息地

一龄稚鲎：在鲎的成长过程中，绿豆大小的受精卵孵化出外形像三叶虫的鲎宝宝，称为一龄稚鲎。此时它的口还没有张开，消耗体内的卵黄继续发育成长。

二龄稚鲎：一龄稚鲎脱壳之后长出剑尾便为二龄稚鲎，能在滩涂上觅食，而爬行时留下一条"川"字形的走痕。它一面脱壳成长，一面朝海迁移，每次脱壳身体约增大1.3倍。在潮间带生活的稚鲎体色呈黑色，俗称"黑皮鲎"；长到手掌大小，多已在潮下带活动，体色呈黄色，俗称"黄皮鲎"。

成体鲎：成熟鲎不再脱皮，且呈现明显差异的雌雄个体。雌性鲎个体大，雄性鲎个体小。夏天大潮将至时，雌鲎与雄鲎一同到高潮线沙滩地授精及产卵。雌雄一旦结为"夫妻"便形影不离，胖墩墩的雌鲎常驮着

正在交配的成体鲎

瘦小的"丈夫"蹒跚而行，此时如果捉到鲎，提起来就是一对，故享有"海底鸳鸯"的美称。

3. 鲎的"三生三世"

鲎是古老的无脊椎动物，在分类上属于节肢动物门肢口纲，与寒武纪时期出现的三叶虫有着密切的亲缘关系。早在 4 亿年前的泥盆纪，恐龙尚未崛起、原始鱼类刚刚问世时，鲎就已经存在于世了。在我国云南罗平发现有 2.4 亿年前三叠纪时期的鲎

鲎化石照片（DysfunctionalKid 拍摄于柏林自然博物馆）

化石。与它同时代的一些动物,或进化为别的物种,或已灭绝,唯独鲎延续至今。比较鲎化石与现代的鲎会发现,历经漫长年代,鲎在外形与构造上几乎没有变化,是名副其实的活化石。

4. 解读活化石之谜

鲎的出现比恐龙还要早,如今恐龙早已灭绝,鲎却奇迹般地存活至今,这是为什么呢?鲎之所以能成为活化石,可以从其外形、器官构造及生物化学方面的优势上寻找原因。它们具有硕大的体型,使它不易被其他动物吃掉。另外,鲎具有拱门形状的外壳,不但可以承受巨大的压力,还提供了可以装载很多东西的偌大空间。它们的身体分成头胸与腹部,无触角,头胸部的第一对附肢成螯状,称为螯肢,是用来摄食的,这些共同的型态特征,是其他节肢动物所没有的。鲎的血液也演化出保护机制,鲎身体若受到创伤,血液中的变形细胞就会把细菌凝结,进而杀死它,这也是鲎可以存活这么久的原因之一。

总之,鲎在外形、生殖力、自愈力及栖息地的多样性等方面都有很强的适应能力,这些可能构成其抵御各种环境挑战而长久延续自身种群的内在原因。换言之,鲎

实验室内对鲎进行采血

作为地球上存在历史最久的一个现代物种,自有其"得天独厚"之处。

5. 对人类的贡献

鲎是地球上唯一有蓝色血液的动物。它们的血液中富含铜,所以呈现蓝色。对于人类来说,鲎的血液尤其重要。在19世纪50年代,科学家在鲎的蓝色血液中发现了一种凝血剂,称为鲎试剂,它可以与菌类、内毒素类物质发生反应,并在这些入侵物周围凝结出一层厚厚的凝胶。于是人们将鲎的血液提取出来制成试剂,用来检测含量极低(一般不易检测出来,只有亿万分之一)的细菌和其他污染物。

人们发现鲎的医学价值之前,经常捕捉它们蒸熟后研磨成粉,当做肥料施肥或饲料饲养家禽家畜。人们发现其血液价值之后,会在它们产卵季节用渔船大批捕捞,然后送到采血实验室。采血后人们会将其放生,大概1周后,鲎的血量就会恢复正常。采血导致鲎的死亡率为10%~30%。因为人们的大量捕捉,上岸产卵的鲎已经越来越少。这种在地球上生活了数亿年的生物,因为人类的捕捞已经大量减少。让我们对鲎的牺牲献上敬意,同时也希望在鲎灭绝之前,人们能够认识到它的重要性。

地球的挂历——地质年代表

宙 Eon	代 Era	纪 Period	距今 (百万年)	主要生物事件或代表化石	
				动物界 (Animalia)	植物界 (Plantae)
显生宙	新生代	第四纪 Quaternary	2.58	←人类出现 哺乳类时代	被子植物时代
		新近纪 Neogene	23.03		
		古近纪 Paleogene	66		
	中生代	白垩纪 Cretaceous	145	←哺乳动物出现 恐龙时代 爬行类时代	被子植物出现 裸子植物时代
		侏罗纪 Jurassic	201.3		
		三叠纪 Triassic	252.17		
	晚古生代	二叠纪 Permian	298.9	←爬行动物出现 两栖类时代	蕨类时代
		石炭纪 Carboniferous	358.9		←种子植物出现
		泥盆纪 Devonian	419.2	陆生四足动物出现 鱼类时代	裸蕨类时代
	早古生代	志留纪 Silurian	443.8		←陆生维管植物出现
		奥陶纪 Ordovician	485.4	←原始鱼出现	藻类时代
		寒武纪 Cambrian	541	←寒武纪生命大爆发	
元古宙	新元古代	埃迪卡拉纪 Ediacaran	635	←埃迪卡拉生物群 ←动物出现	←多细胞藻类大发展
		成冰纪 Cryogenian	720		
		拉伸纪 Tonian	1000		
	中元古代 Mesoproterozoic		1600	叠层石繁盛	
	古元古代 Paleoproterozoic		2500	←真核生物出现 真核细胞	
太古宙 Archean			4000	←原始生命出现	
冥古宙 Hadean			4600	地球形成	

中国地质大学逸夫博物馆2016年制

参考文献

陈均远. 动物世界的黎明[M]. 南京: 江苏科学技术出版社, 2004.

方陵生. 奥陶纪物种大爆发之谜[J]. 大自然探索, 2008(11): 11-19.

冯伟民, 叶法丞, 谭超, 等. 远古时代的动物明星——头足类[J]. 生物进化, 2013(2): 23-43.

冯伟民, 陈哲, 叶法丞, 等. 生命进化史上的奇葩——埃迪卡拉生物群[J]. 生物进化, 2014, (4): 22-41.

冯伟民. 从原核到真核的早期生命演化[J]. 化石, 2017, (3): 62-65.

季风岚, 马原, 孙永山, 等. 辽宁化石珍品[M]. 北京: 地质出版社, 2015.

舒德干, 陈苓. 最早期脊椎动物的镶嵌演化[J]. 现代地质, 2000, 14(3): 315-321.

孙革, 胡东宇, 周长付, 等. 走进辽宁古生物世界[M]. 上海: 上海科技教育出版社, 2016.

孙革, 张立君, 周长付, 等. 30亿年来的辽宁古生物[M]. 上海: 上海科技教育出版社, 2011.

侯先光, 杨·伯格斯琼, 王海峰, 等. 澄江动物群: 5.3亿年前的海洋动物[M]. 昆明: 云南科技出版社, 1999.

童金南, 殷鸿福. 古生物学[M]. 北京: 高等教育出版社, 2007.

王章俊, 姬书安, 林建. 热河生物群[M]. 北京: 地质出版社, 2016.

王章俊, 王菡. 生命进化简史[M]. 北京: 地质出版社, 2017.

殷宗军. 动物王国的崛起系列之一 瓮安生物群——动物王国的黎明时代[J]. 生物进化, 2008, (4): 20-27.

袁训来, 陈哲, 肖书海, 等. 蓝田生物群: 一个认识多细胞生物起源和早期演化的新窗口[J]. 科学通报, 2012, 57(34): 3219-3227.

詹仁斌, 梁艳. 奥陶纪生物大辐射[J]. 科学, 2011, 63(2): 19-22.

张弥曼, 陈丕基, 王元青, 等. 热河生物群[M]. 上海: 上海科学技术出版社, 2001.

左晓敏, 宋香锁. 生命乐章——生命进化[M]. 济南: 山东科学技术出版社, 2016.

Błażejowski B, Brett C E, Kin A, et al. Ancient animal migration: a case study of eyeless, dimorphic Devonian trilobites from Poland[J]. Palaeontology, 2016, 59(5): 743-751.

Hu Yaoming, Wang Yuanqing, Luo Zhexi, et al. A new symmetrodont mammal from China and its implications for mammalian evolution[J]. Nature, 2014, 390: 137-142.

Schopf J W. Microfossils of the early archean apex chert: new evidence of the antiquity of life[J]. Science, 1993, 260: 640-646.

Shu Degan, Luo Huilin, Morris S C, et al. Lower Cambrian vertebrates from south China[J]. Nature, 1999, 402: 42-46.

Street H P, Caldwell M W. Rediagnosis and redescription of Mosasaurus hoffmannii (Squamata: Mosasauridae) and an assessment of species assigned to the genus Mosasaurus[J]. Geological Magazine, 2017, 154(3): 521-557.

Conybeare W D. On the Discovery of an almost perfect Skeleton of the Plesiosaurus[J]. Transactions of the Geological Society of London, 1824, 2(2): 381–389.

Yuan Xunlai, Chen Zhe, Xiao Shuhai, et al. An early Ediacaran assemblage of macroscopic and morphologically differentiated eukaryotes[J]. Nature, 2011, 470: 390–393.

Zhu Min, Zhao Wenjin, Jia Liantao, et al. The oldest articulated Osteichthyan reveals mosaic gnathostome characters[J]. Nature, 2009, 458(7237): 469–474.